Gourav Banerjee

ESPECTROSCOPIA ÓPTICA DE ESTRELAS CLÁSSICAS DA GALÁXIA

Gourav Banerjee

ESPECTROSCOPIA ÓPTICA DE ESTRELAS CLÁSSICAS DA GALÁXIA

Estudo dos discos gasosos estelares

ScienciaScripts

Cover image: www.ingimage.com

This book is a translation from the original published under ISBN 978-620-5-63380-9.

Publisher:
Sciencia Scripts
is a trademark of
Dodo Books Indian Ocean Ltd. and OmniScriptum S.R.L publishing group

120 High Road, East Finchley, London, N2 9ED, United Kingdom
Str. Armeneasca 28/1, office 1, Chisinau MD-2012, Republic of Moldova, Europe
Printed at: see last page
ISBN: 978-620-7-66530-3

Conteúdo

Dedicado aos meus
queridos pais,
sem os quais teria perdido o meu caminho

RECONHECIMENTO

Para qualquer pessoa, a viagem de doutoramento é definitivamente uma viagem no sentido de se tornar mais eficiente, mais madura e mais capaz de identificar e, finalmente, resolver um problema que não foi abordado por nenhum investigador anterior. Assim, qualquer doutoramento bem sucedido é uma viagem cheia de entusiasmo, aventuras e, obviamente, altos e baixos. No entanto, fazer um doutoramento durante um período em que o mundo inteiro ficou fechado em casa devido ao surto global de uma pandemia (COVID-19 durante o período de 2020-2022) é uma situação que não pode ser descrita adequadamente por palavras. Um período importante do meu doutoramento decorreu sob esta situação horrível. Foi uma viagem de imensa aprendizagem para mim, uma viagem que me ensinou a continuar a lutar, por mais difícil que seja o obstáculo que se me depare. Devo confessar que a realização deste projeto não teria sido possível sem a ajuda de inúmeras pessoas. Aproveito agora a oportunidade para agradecer a cada um deles que me ajudou - de uma forma ou de outra - a concluir com êxito o meu trabalho de doutoramento.

Em primeiro lugar, gostaria de expressar a minha sincera gratidão à minha falecida mãe e ao meu querido pai, cujo sacrifício inimaginável me ajudou a permanecer vivo quando todos nós fomos gravemente atacados pela Covid-19 em abril de 2021. Devido a um surto incontrolável da pandemia na Índia durante a segunda vaga, a partir de março, quase todas as casas da nossa localidade (Dumdum Park, em Calcutá) foram afectadas. Mesmo depois de tomar todas as precauções possíveis, a Covid-19 invadiu a nossa casa a 15 de abril. Foi durante este período que a minha mãe começou a lutar para salvar a família, com dores e agonia extremas no corpo. Eu fui a mais afetada. A minha mãe sacrificou literalmente a sua vida para salvar o seu filho e a sua família. Lutámos com todos os nossos esforços, mas, mesmo assim, a 30 de abril de 2021, a Covid-19 tirou a vida à minha mãe. Ela deixou-nos sem palavras, a mim, ao meu pai e a toda a nossa família. Mais tarde, quando recuperei gradualmente, apercebi-me de que esta tese nunca teria sido concluída se os meus pais não estivessem lá para lutar contra o demónio quando eu estava quase a morrer. Expresso sinceramente o meu profundo amor a ambos os meus pais pelo amor, afeto e apoio ilimitados que me deram ao longo de toda a minha vida. Meus queridos pais, estou de pé graças a vós.

Em seguida, gostaria de expressar a minha sincera gratidão e agradecimento ao meu orientador de doutoramento, Dr. Blesson Mathew, Professor Associado do Departamento de Física e Eletrónica, pelo seu apoio e motivação incomparáveis ao longo do meu percurso de doutoramento. Deu-me liberdade incondicional para prosseguir a minha investigação e julgar os méritos de cada projeto que realizei, mas esteve sempre disponível para discussões e para oferecer orientação e sugestões necessárias. Foi sobretudo o seu encorajamento contínuo que me ajudou a sobreviver nos momentos difíceis e, finalmente, a concluir os meus trabalhos. Depois, agradeço sinceramente à CHRIST (Deemed to be University) por me ter dado a oportunidade de fazer o doutoramento em astrofísica. Os meus sinceros agradecimentos ao Dr. George Thomas, Dean of Science, CHRIST (Deemed to be University) e ao Dr. Manoj B., HOD, Department of Physics and Electronics por nos terem apoiado sempre que foi necessário.

A conclusão bem sucedida desta tese também exigiu uma ampla cooperação e assistência de muitas outras pessoas, de tempos a tempos. Devo, sem dúvida, um profundo respeito e gratidão ao meu co-orientador, o Dr. Paul K T, Ex-HOD do Departamento de Física e Eletrónica, por me ter dado uma orientação eterna ao longo dos meus árduos dias de trabalho. É verdadeiramente uma infelicidade para nós que o Dr. Paul K T tenha falecido a 16 de setembro de 2022, depois de ter lutado contra um cancro do pâncreas durante quase um ano. Caro senhor, será sempre lembrado nas profundezas do meu coração pelo tremendo apoio que me deu e ao nosso grupo, desde os meus dias de MPhil em 2017. Além disso, gostaria de aproveitar esta oportunidade para estender os meus sinceros agradecimentos aos meus membros do RAC, a Dra. Sreeja S. Kartha, Professora Assistente, CHRIST (Deemed to be University) e o Dr.

Annapurni Subramaniam, Directora do Instituto Indiano de Astrofísica (IIA), Bangalore, que me apoiaram e encorajaram infalivelmente nos meus esforços. As suas discussões úteis sobre os meus projectos e os seus sábios conselhos foram inestimáveis.

A todos os meus colaboradores - gostaria de agradecer a cada um de vós por terem partilhado generosamente os vossos conhecimentos especializados. Em particular, agradeço ao meu querido amigo, irmão e colega Suman Bhattacharyya, bolseiro de doutoramento no nosso departamento, que esteve sempre disponível para discutir o nosso projeto e que graciosamente partilhou os seus conhecimentos sobre codificação e análise de séries temporais de espectros. Além disso, um agradecimento muito especial à minha outra querida amiga e colaboradora Anusha R, cuja natureza sempre alegre e encorajadora me manteve motivado para continuar a fazer os meus trabalhos. Depois, agradeço sinceramente aos 5 estudantes de mestrado em Física do nosso departamento - Anjusha Balan, Deeja Moosa, Dheeraj CS, Aleeda Charly e Megha Raghu por me terem ajudado imenso durante os trabalhos de redução e compilação de dados para estudar a natureza transitória das estrelas Be (Be) clássicas. A minha sincera gratidão ao Dr. Santosh Joshi, Cientista F, ARIES, Nainital, pelo seu contínuo encorajamento nos últimos dois anos e por ser um colaborador ativo no estudo dos decrementos de Balmer das estrelas Be.

Além disso, gostaria também de agradecer ao Dr. Kunjomna V, Professor aposentado do Departamento de Física e Eletrónica, CHRIST (Deemed to be University), cujo constante encorajamento ao longo do meu doutoramento foi importante para mim. Para além de todos eles, agradeço o apoio do Dr. Sebastian K.A., do Sr. Anantha Padmanabha N. e do Sr. James Kurian do Centro de Investigação. Agradeço também à equipa da biblioteca por toda a ajuda durante o processo de apresentação da tese.

Em seguida, tenho o prazer de agradecer a todos os bolseiros de doutoramento e bolseiros PDF do Laboratório de Investigação em Astrofísica do nosso departamento pelo tempo precioso que passámos juntos no laboratório e em ambientes sociais. Tenho a sorte de ter amigos maravilhosos, como Arun Roy, Lakshitha Nama, Ujjwal Krishnan, Nidhi Sabu, Hema Anilkumar, Shridharan Bhaskaran, Raksha Olakal, Keerthana S Narayan, Robin Thomas, Akhil Krishna, Belinda Damian, Ketan Rikame, Ashish Devaraj, Athira Bharathan e Savithri H. Ezhikode, que estão sempre disponíveis para me ajudar.

Para além deles, tenho o prazer de agradecer ao Dr. Basudev Bhattacharya, Presidente da Associação de Observadores do Céu, Calcutá; ao falecido Sr. Soumen Mukherjee (falecido em 17 de março de 2023) e à falecida Sra. Maitreye Dasgupta (ambos membros seniores da Associação de Observadores do Céu) por me terem apresentado às maravilhas do céu noturno em 2003 e, mais tarde, por me terem ajudado a identificar o céu noturno a olho nu e com telescópios. Por último, mas não menos importante, merece uma menção especial o meu querido amigo de longa data Rohit Mitra, que sempre esteve ao meu lado desde os meus tempos de B.Tech.

Por último, agradeço aos meus amigos, o Dr. Amalendu Bandyopadhyay (Diretor Fundador, Centro de Astronomia Posicional, Calcutá), que faleceu a 22 de junho de 2020, o Sr. Pratap Pal (Presidente Fundador, Instituto de Ciências Fundamentais e Astronomia de Calcutá) e a Sra. Ashmita Tribedi (Membro do Conselho Executivo, Gokhale Memorial Girls' School, Calcutá) por todo o vosso amor e apoio.

Gourav Banerjee

RESUMO

Uma estrela Be clássica (Be daqui em diante) é um tipo especial de estrela massiva de sequência principal do tipo B rodeada por um disco de de- creção geometricamente fino, equatorial, gasoso, que orbita a estrela central. Os espectros das estrelas Be mostram linhas de emissão de diferentes elementos. O estudo destas linhas constitui uma excelente oportunidade para compreender a geometria e a cinemática do disco circunstelar e as propriedades da própria estrela central. As estrelas Be, portanto, oferecem excelentes oportunidades para estudar discos circunstelares. No entanto, o mecanismo de formação de discos em estrelas Be - o 'fenómeno Be' - é ainda pouco conhecido. O presente estudo centra-se no estudo de uma grande amostra de estrelas Be através de espetroscopia ótica e utilizando dois telescópios ópticos nacionais. Efectuámos o estudo espetroscópico de todas as principais linhas de emissão para uma amostra de 115 estrelas Be no campo, na gama de comprimentos de onda de 3800 - 9000 A, utilizando o HCT de 2,1 m em Ladakh. Tanto quanto sabemos, este é o primeiro estudo em que espectros quase simultâneos cobrindo toda a gama espetral de 3800 - 9000 A foram estudados para mais de 100 estrelas de campo Be. Produzimos, portanto, um atlas de linhas de emissão para estrelas Be que será um recurso valioso para os investigadores envolvidos na investigação de estrelas Be. Fizemos uso da capacidade sem precedentes da missão *Gaia* para reestimar o parâmetro de extinção (A_V) para estas estrelas. Os valores estimados de A_V são usados para correção da extinção na análise do decremento de Balmer (D34 e D54) para as estrelas do nosso programa. D34 na nossa amostra varia entre 0.1 e 9.0, enquanto o valor correspondente de D_{54} varia maioritariamente (" 70%) entre 0.2 e 1.5, agrupando-se algures perto de 0.8 - 1.0. O nosso estudo indica que os discos de estrelas Be são geralmente de natureza opticamente espessa na maioria dos casos.

Através de um estudo comparativo com a literatura, também notámos que os valores de *Ha* EW em estrelas Be são geralmente inferiores a -40 A. Além disso, a partir da nossa análise, parece que a força de emissão de *Ha*, P14, FeII 5169 A e OI 8446 A é maior em estrelas do tipo B iniciais. Além disso, observámos que é necessário um valor limite (~ -10 A) de *Ha* EW para que a emissão de FeII se torne visível em estrelas Be. Além disso, ao explorar várias regiões de formação de linhas de emissão CAII em torno do disco circunstelar de estrelas Be, sugerimos a possibilidade de que a emissão tripleta CAII possa ter origem nas regiões externas mais frias do disco, que podem não ser isotérmicas por natureza. Além disso, a variabilidade espectroscópica do perfil de linhas é uma propriedade comummente observada em estrelas Be. Nalguns casos, pode-se notar o desaparecimento completo das linhas de emissão, o que sugere a dissipação do disco circunstelar. Assim, é também importante estudar a variabilidade a longo e a curto prazo destas estrelas para conhecer as escalas temporais de formação e dissipação do disco, que não são claramente conhecidas até à data. Assim, a seguir estudámos a natureza transitória de um conjunto de 9 estrelas Be galácticas brilhantes cuidadosamente seleccionadas que mostraram a linha *Ha* em absorção completa pelo menos uma vez na literatura, indicando que estas estrelas passaram por uma fase sem disco pelo menos uma vez na sua vida. Usando a instalação do telescópio de 1 m no Observatório Vainu Bappu, Kavalur, Índia, estudamos a natureza transitória dessas 9 estrelas Be durante um período de 5 anos (2015 - 2019), analisando as mudanças contínuas no perfil da linha *Ha* mostradas por elas.

Os nossos resultados sugerem que 4 entre 9 das estrelas do nosso programa (HD 4180, HD 142926, HD 164447 e HD 171780) estão possivelmente a passar por episódios de perda de disco, enquanto que a estrela HD 23302 pode estar a passar por uma fase de formação de disco nas épocas actuais. Outras 4 estrelas (i.e. HD 237056, HD 33357, HD 38708 e HD 60855) mostraram sinais de possuir um disco estável em épocas recentes. Curiosamente, a nossa análise indica que a formação do disco para HD 60855 ocorreu numa escala de tempo de apenas 2 meses, entre janeiro e março de 2008. Também descobrimos que 2 destas 9 estrelas, HD 33357 e HD 38708, podem ser emissoras fracas de *Ha* na natureza,
tendo *Ha* EW sempre menor que -5 A.

Finalmente, estimámos a extensão da região de emissão Ha para duas destas 9 estrelas Be que apresentavam um perfil de emissão *Ha de* duplo pico. As variações V/R observadas para as estrelas são estudadas e utilizadas para medir a extensão da sua região de emissão Ha. O nosso estudo comparativo com a literatura existente indica que na maioria dos casos (50% ou mais em qualquer amostra) a extensão da região de emissão Ha é observada como sendo menor (inferior a 20 *R*) para estrelas Be em sistemas binários quando comparadas com estrelas Be simples. Este é um estudo em curso que gostaríamos de continuar com uma amostra maior de estrelas Be num futuro próximo.

Palavras-chave: Estrela Be, espetroscopia, linhas de emissão, decréscimo de Balmer, variabilidade

Capítulo 1

Introdução

1.1 ESTRELAS COM LINHAS DE EMISSÃO

As estrelas apresentam normalmente linhas de absorção nos seus espectros ópticos. No entanto, existe um bom número de estrelas que também apresentam linhas de emissão de diferentes elementos. Genericamente conhecidas como "estrelas de linhas de emissão", pertencem a diferentes categorias, tais como:

i) Estrelas de pré-sequência principal - estrelas T Tauri, estrelas Herbig Ae/Be.

ii) Estrelas de tipo inicial - Variáveis azuis luminosas (LBV), estrelas Of/ Oe/ Be/ Ae, estrelas Wolf Rayet (WR).

iii) Estrelas de tipo tardio - Estrelas flare, variáveis Mira, gigantes vermelhas, estrelas dMe.

iv) Binários próximos: estrelas simbióticas, variáveis cataclísmicas (CV), estrelas do tipo Algol.

A investigação extensiva na área das estrelas com linhas de emissão revelou que essas linhas de emissão podem ter origem principalmente de 3 formas diferentes: i) presença de atmosferas estelares exteriores ou envelope circunstelar, ii) devido a actividades estelares tais como manchas estelares brilhantes ou explosões de chamas, e iii) troca de massa que ocorre em sistemas binários. Os estudos de estrelas com linhas de emissão fornecem ferramentas para compreender o estado físico e a estrutura dinâmica de regiões estelares activas e discos circunstelares. A exploração da estrutura fina do fenómeno das linhas de emissão tornou-se possível nas últimas décadas, utilizando telescópios espaciais e observações terrestres sofisticadas. Isto ajudou mesmo a desenvolver modelos fiáveis para melhor compreender as actividades estelares.

"O conteúdo deste capítulo foi publicado em Banerjee et al. (2020), Mapana Journal of Sciences, 19, 1, pp 15-34

1.2 Clássico Be STARS

Uma estrela Be clássica (Be daqui em diante) é um tipo especial de estrela de linha de emissão pertencente às classes de luminosidade III-V. As estrelas Be estão na sequência principal (MS) ou no estágio evoluído com massas e raios variando entre $M^* \sim 3.6 - 20\ M_Q$, e $R. \sim 2.7 - 15\ R_0$ (Cox, 2000). Collins (1987) definiu uma estrela Be como "uma estrela B não-supergigante cujo espetro tem, ou teve em algum momento, uma ou mais linhas de Balmer na emissão". Podem ser facilmente distinguidas de qualquer estrela normal do tipo B devido à presença de linhas de emissão de recombinação de diferentes elementos, como hidrogénio, oxigénio, ferro, cálcio, hélio, silício, etc. nos seus espectros (por exemplo, Banerjee et al., 2021; Shokry et al., 2018; Paul et al., 2012; Mathew & Subramaniam, 2011; Hanuschik et al., 1996; Andrillat et al., 1988; Andrillat & Fehrenbach, 1982). Para além disso, nota-se um excesso de infravermelhos (IR) no seu contínuo (Hartmann & Cassinelli, 1977; Gehrz et al., 1974). Estas características indicam a presença de um disco circunstelar em torno da estrela central (Rivinius et al., 2013). Sendo um disco equatorial, geometricamente fino, gasoso e de decreção, orbita a estrela central em rotação Kepleriana (Meilland et al., 2007; Carciofi & Bjorkman, 2006).

A ejeção de material estelar foi sugerida por Struve (1931) como sendo responsável pela formação de um disco circunstelar em estrelas Be. O modelo físico que melhor descreve estes discos é o modelo do disco de decreção viscosa (VDD) (Carciofi et al., 2012; Lee et al., 1991). Atualmente, é bem conhecido que a análise espetral de várias linhas de emissão observadas nos espectros de estrelas Be fornece uma grande quantidade de informações sobre a cinemática e a geometria do disco circunstelar e diferentes propriedades da própria estrela central (por exemplo, Banerjee et al, 2021; Klement et al., 2019; Mennickent et al., 2018; Barnsley & Steele, 2013; Mathew et al., 2012b; Mathew & Subramaniam, 2011; Dachs et al., 1992, 1990, 1984; Hanuschik, 1987; Chalabaev & Maillard, 1985; Polidan & Peters, 1976). Por isso, até à data, foram realizados vários estudos para compreender melhor o "fenómeno Be", ou seja, o mecanismo de formação do disco em estrelas Be (Slettebak, 1979). A Fig. 1.1 apresenta uma representação esquemática de uma estrela Be.

Figura 1.1: Uma representação esquemática de uma estrela Be (crédito: Sigut, A; Western University, Canadá)

As estrelas Be, como uma população, foram identificadas usando diferentes métodos. O excesso de fluxo na região *Hα* de uma estrela Be é deduzido a partir de observações de uma única época. Isto é quantificado através do fluxo fotosférico esperado de uma estrela de um tipo espetral particular. No entanto, uma observação de uma única época tem o seu próprio limite na deteção de uma estrela Be, uma vez que o "fenómeno Be" é de natureza transitória. Levantamentos de microlensing como o MACHO e o OGLE ajudaram a identificar um grande número de estrelas Be através da análise de curvas de luz, onde a variabilidade fotométrica desempenhou um papel importante (Mennickent et al., 1997). Além disso, a espetroscopia sem fenda é outra técnica nova que foi usada por Mathew et al. (2008) para identificar estrelas Be em 42 aglomerados abertos. Esta técnica foi mais tarde usada para criar catálogos extensivos de estrelas Be e vários tipos de outras estrelas de linha de emissão na Galáxia, LMC e SMC (Martayan et al., 2010, 2008; Mathew et al,
2008).

1.3 CONTEXTO ASTROFÍSICO

Passaram mais de 150 anos desde a descoberta da primeira estrela Be. No entanto, estas continuam a ser das estrelas mais misteriosas do Universo. Estudos intensos foram feitos, e ainda estão a ser feitos, para compreender estas estrelas enigmáticas. É natural que se pergunte qual é a necessidade de estudar as estrelas Be? Nesta secção, destacamos brevemente a necessidade de estudar as estrelas Be.

Antes de mais, a própria estrela central é de grande interesse. A taxa de rotação das estrelas Be é a mais rápida de todas as estrelas não degeneradas do Universo. A sua velocidade de rotação média é ~ *70 - 90%* do limite crítico, onde a força centrífuga é equilibrada pela gravidade. No entanto, a rotação é o único parâmetro fundamental das estrelas que ainda não é claramente compreendido. Por isso, as estrelas Be oferecem laboratórios fantásticos para investigar a evolução da rotação das estrelas. Mas, porque é que as estrelas Be têm uma velocidade de rotação tão elevada? Langer & Heger (1998) descobriram que durante a fase da sequência principal, as camadas exteriores de estrelas massivas em rotação podem girar devido à evolução da distribuição do momento angular. As elevadas taxas de rotação das estrelas Be colocam-nas certamente no centro das discussões sobre a evolução do momento angular, tornando-as fantásticas bases de teste para instabilidades induzidas pela rotação (Maeder & Meynet (2000) e referências).

Em segundo lugar, as estrelas Be também oferecem excelentes oportunidades para estudar os discos circunstelares. Ao contrário dos discos de poeira protoplanetários que rodeiam estrelas jovens, os discos das estrelas Be não estão envoltos em poeira, sendo assim mais diretamente acessíveis para observação. Além disso, os discos são temporários, formando-se e dissipando-se numa escala de tempo de anos a décadas, o que nos ajuda a estudar a evolução do disco. Curiosamente, o mecanismo de formação dos discos das estrelas Be - o "fenómeno Be" - ainda não é claramente compreendido. O mistério do "fenómeno Be" pode ser compreendido através do estudo de estrelas Be em vários locais, como aglomerados e campos. Os espectros das estrelas Be mostram linhas de emissão de vários elementos como o hidrogénio, ferro, hélio, oxigénio, cálcio, etc. A análise espectroscópica destas linhas fornece uma grande quantidade de informação sobre a geometria do disco gasoso e várias outras propriedades da estrela central.

Para além de desempenharem um papel vital no estudo da evolução de estrelas massivas, as estrelas Be oferecem também grandes perspectivas para estudos astrossismológicos dos objectos conhecidos mais quentes investigados até agora. Por último, existem ainda vários outros tipos de estrelas com discos circunstelares (por exemplo, estrelas Herbig Ae/Be, nebulosas planetárias, variáveis azuis luminosas (LBVs), etc.). Os progressos na investigação das estrelas Be podem ajudar a compreender melhor a geometria do disco destes objectos também.

Para todas as áreas de investigação acima referidas, as soluções para os problemas das estrelas Be são essenciais, uma vez que podem fornecer novas pistas para compreender melhor todos os tipos de estrelas quentes, e vice-versa. Embora estes exemplos não constituam uma lista exaustiva, servem para ilustrar que o "fenómeno Be" é um fenómeno cujo estudo tem uma relevância mais vasta que se estende a muitos outros ramos da astrofísica.

1.4 PROPRIEDADES OBSERVACIONAIS DAS ESTRELAS

O nosso conhecimento atual sobre as estrelas Be foi obtido principalmente através de estudos espectroscópicos das linhas de emissão visíveis nos seus espectros. Estas linhas espectrais podem ter origem em três regiões: a própria estrela, o disco que rodeia a estrela Be e o envelope circunstelar.

1.4.1 Aparecimento das linhas de emissão

Todas as estrelas Be mostram linhas de emissão na série de Balmer. Para a primeira estrela Be descoberta, gamma (γ) Cassiopeiae, o Padre Angelo Secchi notou uma linha de emissão brilhante no lugar da linha de absorção esperada em *Hβ* (Secchi, 1867). Gradualmente tornou-se claro que todas as estrelas Be emitem em *Ha*. Embora a emissão de *Hβ* também seja comum, ela não é uma propriedade universal das estrelas Be. Onde quer que ambas as emissões *Ha* e *Hβ* estejam presentes, membros da série Balmer de ordem superior também foram vistos em emissão, embora a emissão *Ha* seja sempre a mais forte. Jaschek & Jaschek (1987) descobriram que a intensidade da emissão diminui para as transições de Balmer de ordem superior. Parece que a região que emite *Ha* é a maior e que as linhas de ordem superior ocorrem nas regiões interiores do disco. Isto explica satisfatoriamente porque a emissão *Ha* é a caraterística espetral mais proeminente de todas as estrelas Be. Além disso, parece que a largura equivalente das linhas de emissão de Ha atinge um máximo no tipo espetral B2 e diminui acentuadamente em direção às estrelas Be de tipo tardio. Isto sugere que as estrelas Be de tipo inicial têm envelopes circunstelares mais desenvolvidos do que as estrelas Be de tipo tardio (Kogure & Leung, 2007).

As estrelas Be são geralmente classificadas em três categorias com base nos seus perfis de linha *Ha.* Estas são:

i) Pole-on: Mostram um perfil *Ha de* pico único sobreposto às linhas de absorção da fotosfera subjacente.

ii) Estrelas Be normais: São caracterizadas por perfis de pico duplo e são o tipo mais comum de estrelas Be observadas.

iii) Estrelas de casca: As estrelas Be que apresentam componentes de absorção profundas e nítidas no centro das linhas de emissão de duplo pico pertencem a esta categoria.

A explicação para a origem de tais perfis foi dada por Struve (1931). Ele propôs que estas linhas de emissão são produzidas no disco equatorial circunstelar de uma estrela Be em rotação rápida. Pode-se interpretar a diferença no perfil das linhas de emissão devido ao distinto ângulo de inclinação (ângulo entre a direção de observação e o eixo de rotação da estrela) com que um observador vê a estrela. Isto é mostrado esquematicamente na Fig. 1.2. O observador A que estiver a observar uma estrela Be com um pólo ($i = 0^o$) verá um perfil de linhas de emissão com um único pico. Os observadores B e C observam uma estrela Be a ângulos de inclinação intermédios ($i > 0^{o}$ mas $< 90^{o}$) e vêem um perfil de emissão de pico duplo, enquanto que o observador D vê um perfil de concha, em que a estrela é vista de bordo, a um ângulo de inclinação dei=90° .

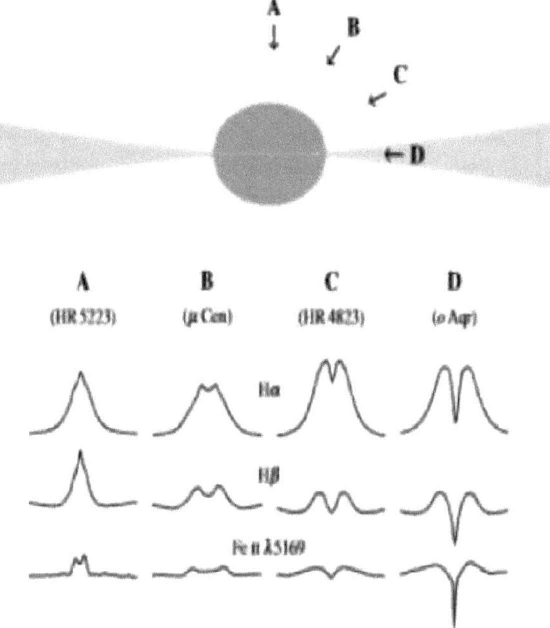

Figura 1.2: Um diagrama esquemático representando diferentes perfis *Ha* de estrelas Be em relação ao ângulo de visão de um observador. A parte inferior mostra exemplos de perfis *Ha* de estrelas Be de pólo a concha. Figura de Rivinius et al. (2013).

Para além das linhas de Balmer, as linhas de Paschen de ordem superior (como P10 ou P11 até cerca de P23), os metais ionizados individualmente e, em alguns casos, o hélio neutro também se encontram em emissão nos espectros ópticos das estrelas Be. Embora as linhas de hélio neutro (especialmente *JI* = 5876 A) possam aparecer nas estrelas Be mais antigas,

mas as linhas de emissão FEII são mais comuns. As linhas FEII aparecem em estrelas de tipos espectrais entre B0 e B5. Jaschek & Jaschek (1987) descobriram que a intensidade das linhas de emissão FEII e Balmer se fortalecem e enfraquecem simultaneamente. Mesmo as linhas de emissão de outros metais mono-ionizados, tais como SIII, MGII e TIII, são raramente encontradas nos espectros ópticos de estrelas Be (Porter & Rivinius, 2003). Além disso, linhas de Paschen de ordem inferior (*Paschena* a P9), linhas da série Bracket e até da série Pfund são observadas nos espectros infravermelhos de estrelas Be.

1.4.2 Rotação rápida

Uma das características físicas mais importantes das estrelas Be é a sua rápida rotação. Elas estão entre as estrelas não degeneradas de rotação mais rápida do universo. Essa rotação produz grandes larguras de linhas de absorção na fotosfera que, quando convertidas em unidades de velocidade, correspondem a centenas de km. Obviamente, estas medidas de velocidade da largura de linha representam a velocidade de rotação da estrela v multiplicada pelo seno do ângulo de inclinação do pólo em relação à linha de visão do observador, ou vsin *i*.

Em média, a velocidade de rotação (ou seja, o valor de vsin *i*) das estrelas Be é superior a ~ 200 km/s (Glebocki & Gnacinski, 2005; Koubsky et al., 2004; Moujtahid et al., 1998; Slettebak, 1982). Esta rotação rápida já foi sugerida como sendo a causa da formação do disco circunstelar em torno de estrelas Be através da ejeção de material da estrela central (Struve, 1931). Embora as estrelas Be girem mais rápido do que as estrelas B normais, Slettebak (1979) mostrou que elas não giram na velocidade de rutura. Em pesquisas posteriores, descobriu-se que as estrelas Be giram apenas a ~ 70% de sua velocidade crítica (v_{crit}) (Porter, 1996). Apesar destas descobertas, ainda se considera que a rotação rápida desempenha um papel vital na formação do disco, pois foi proposto que vsini é sistematicamente subestimada para as estrelas de rotação mais rápida (Collins & Truax, 1995). O escurecimento gravitacional pode afetar essas estrelas. É o fenómeno em que a rotação rápida de uma estrela produz um estiramento equatorial, que por sua vez induz distribuições não uniformes da gravidade e da temperatura à superfície (von Zeipel, 1924). Considerando os efeitos do escurecimento gravitacional equatorial, Townsend et al. (2004) sugeriram que as estrelas Be podem estar a rodar perto da sua velocidade crítica (~ $0,95\ v_{crit}$). Cranmer (2005) e vários outros autores (e.g. Yudin, 2001; Zorec & Briot, 1997; Slettebak, 1982) descobriram que a taxa de rotação aumenta para as estrelas Be de tipo tardio (B3 e posteriores) enquanto que as de tipo inicial giram a ~ 40 - 60% do valor crítico.

1.4.3 Variabilidade

Outra propriedade marcante de quase todas as estrelas Be é a variabilidade. Qualquer estrela Be que não apresente nenhuma ou pouca variação nos seus perfis de linha de uma época de observação para outra é uma rara exceção. Elas mostram variações de curto prazo (que ocorrem em escalas de tempo de minutos a dias) ou de longo prazo (que ocorrem em escalas de tempo de anos a décadas) nos seus espectros.

Variações a curto prazo

Variações que ocorrem em escalas de tempo de minutos a dias, e as linhas espectrais que exibem tais variações, parecem indicar ou a fotosfera ou a região circunstelar imediata como sua região de formação (Porter & Rivinius, 2003). O estudo das variações de curto prazo é extremamente importante, pois fornece pistas sobre o mecanismo adicional necessário para transformar uma estrela do tipo B de rotação rápida numa estrela Be. Existem três tipos principais de variações de curto prazo, a saber: (1) pulsação, (2) modulação rotacional, e (3) características transientes e explosões de raios-X.

A pulsação não radial (NRP) explica a variabilidade significativa do perfil da linha (LPV) em escalas de tempo que variam de horas a vários dias (Baade, 1982). Porter &
Rivinius (2003) descobriu que em pelo menos 80% das estrelas Be de tipo inicial, o NRP pode explicar o LPV. Embora manchas estelares (Balona, 1990) e nuvens corotantes (Balona, 1995) também tenham sido propostas para explicar os LPVs observados, vários estudos de alguns poucos objectos bem observados apoiam a NRP como a causa predominante. A modulação rotacional parece ser de maior importância no caso de algumas estrelas Be excepcionais que não são adequadamente descritas por NRP. Além disso, numerosas estrelas Be mostram variações espectrais em escalas de tempo ainda mais curtas do que as já discutidas. Tais variações são conhecidas como características transientes.

Variações a longo prazo

Muitas estrelas Be passam por mudanças de fase de Be para estrelas normais de tipo B e vice-versa. Estas mudanças de fase ocorrem geralmente em escalas de tempo que variam de vários anos a várias décadas, e podem ser facilmente entendidas como a formação e dissipação de discos. Outras variações a longo prazo ocorrem dentro da fase de emissão ou Be, como transições entre perfis de linha com picos simples e duplos, ou mesmo uma transformação entre estrelas Be e Be - shell. Como discutido anteriormente, de acordo com a visão clássica, várias formas de perfil de linha originam-se devido ao ângulo de inclinação do eixo de rotação da estrela em relação ao observador.

Um tipo diferente de variação a longo prazo ocorre frequentemente em estrelas Be que apresentam emissão de pico duplo. Este facto é também de grande importância. Estas variações são designadas por variações V/R (violeta-vermelho) devido à assimetria cíclica mostrada pela alteração das alturas dos picos nas componentes violeta (V) e vermelha (R) do espetro estelar. Ocorrendo em escalas de tempo de anos a décadas (Hanuschik et al., 1996), estima-se que cerca de um terço de todas as estrelas Be apresentam variações V/R. Estudos detalhados sugerem que tais variações cíclicas são causadas por uma oscilação de densidade de um braço viajando nos discos (Okazaki,
1991, 1996). Este modelo é também conhecido como "modelo de oscilação global".

1.5 Ser STAR DISCS

O termo "estrela Be clássica" é agora indissociável da ideia de um disco circunstelar. A presença de um disco tornou-se agora um ponto de vista bem aceite para uma estrela Be. Todos os modelos atualmente utilizados para reproduzir ou prever os observáveis de uma estrela Be aceitam a presença de um tal disco.

1.5.1 Geometria do disco

Foi proposto pela primeira vez por Struve (1931) que as estrelas Be são cercadas por um disco circunstelar achatado, equatorial e gasoso. Durante as décadas de 70 e

80 começaram a surgir perspectivas de geometrias alternativas (principalmente conchas esféricas) para o material circunstelar. A geometria do disco das estrelas Be tornou-se um assunto de intenso debate durante os anos seguintes. A Fig. 1.3 mostra um diagrama esquemático representando a estrutura do envelope de uma estrela Be.

Estudos interferométricos da estrela Be *y* Persei em comprimentos de onda de rádio feitos por Dougherty & Taylor (1992) mostraram que a emissão de rádio é originária de uma distribuição não esférica de gás termicamente radiante. Este facto confirma a geometria asférica da região emissora. Numerosos outros estudos também apoiaram a geometria não esférica do disco circunstelar (e.g. Stee, 2011; Tycner et al., 2005; Quirrenbach et al., 1997).

Tamanho do disco

Embora se possa determinar o tamanho da região emissora de uma dada linha num disco de uma estrela Be, a extensão física do disco é bastante difícil de obter observacionalmente e ainda não foi determinada sem ambiguidade para nenhuma estrela Be até agora. Utilizando observações interferométricas, verificou-se que a dimensão da região emissora de *Ha* está diretamente relacionada com o tipo espetral da estrela,

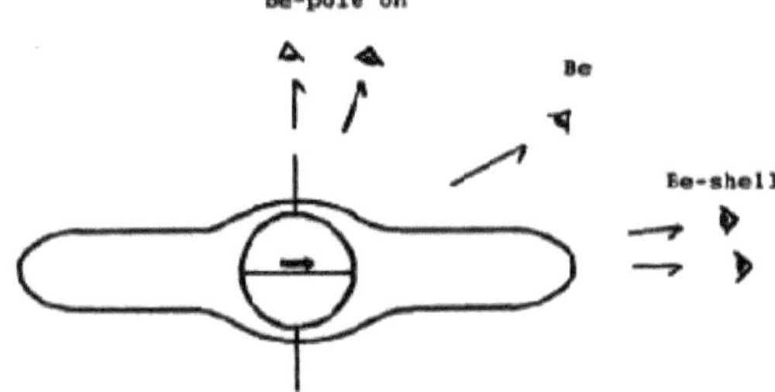

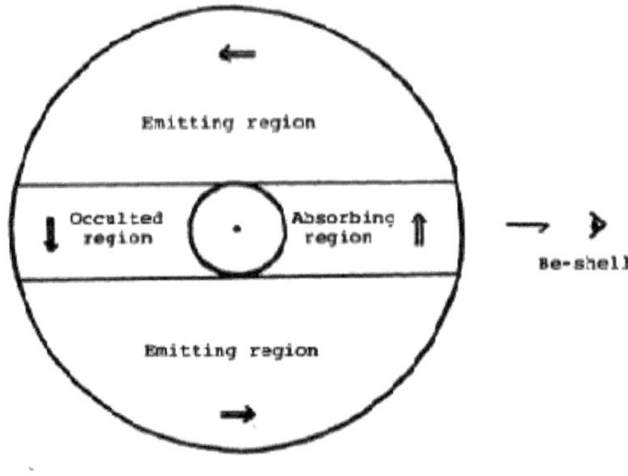

Figura 1.3: Um diagrama esquemático mostrando a estrutura do envelope de uma estrela Be. Figura
de Kogure & Leung (2007).
com as estrelas de tipo espetral anterior a terem regiões emissoras de *Ha* maiores (Tyc- ner et al., 2005). Isto deve-se à quantidade de radiação ionizante recebida da estrela central. Para a bem conhecida estrela Be *5* Sco (Delta Scorpii), Millan-Gabet et al. (2010) mediram o tamanho da região emissora de *Ha* como sendo 14,9 R^* (para R^* =7 R_0) usando espetro-interferometria. Curiosamente, a luminosidade *Ha* também mostra uma clara dependência do tamanho linear do envelope.

Densidade do disco

Waters (1986) examinou os excessos de IR contínuo de estrelas Be e sugeriu que a distribuição da densidade do disco circunstelar pode ser aproximada por uma lei de potência com um índice n como se segue:

$$\rho(r) = \rho_0(r/R_*)^{-n} \quad (1.1)$$

Aqui, ρ_0 denota uma densidade inicial na superfície estelar, R_* é o raio estelar, e $r \geq R_*$ é a distância radial. Waters et al. (1987) descobriram que o valor de n está tipicamente entre 2 e 3,5. Adoptando esta descrição ad hoc da densidade, muitos autores mostraram reproduzir as propriedades médias das estrelas Be observáveis. A partir de vários outros estudos, foi determinado que a densidade básica do disco se situa entre cerca de 10^{-12} e algumas vezes 10^{-10} g/cm^{-3} .

1.5.2 Cinemática do disco

À medida que a imagem do disco se tornava clara, a cinemática do disco precisava de ser compreendida. Compreender a cinemática do disco de estrelas Be é de imensa importância, uma vez que o conhecimento sobre a forma como o disco roda pode fornecer pistas para compreender melhor o seu mecanismo de formação.

Rotação do disco

Ao longo do tempo, foram considerados dois casos principais para os discos de estrelas Be, a saber: (i) discos que conservam o momento angular e (ii) discos que sofrem rotação Kepleriana. A primeira evidência de que os discos devem estar em rotação Kepleriana surgiu das variações V/R, que são entendidas como uma oscilação de densidade de um braço precessando no disco. Nos anos seguintes, Hummel & Vrancken (2000) forneceram apoio adicional para a rotação Kepleriana. Posteriormente, outros estudos observacionais diferentes de espetro-astrometria de linhas de emissão e interferometria resolvida espectralmente confirmaram finalmente a rotação Kepleriana dos envelopes de estrelas Be (por exemplo, Kraus et al., 2012; Wheelwright et al., 2012; Delaa et al., 2011; Meilland et al., 2007).
No entanto, para formar e manter um disco circunstelar e também para evitar a reacreção, o momento angular deve ser fornecido continuamente no limite interno do disco. Isto deve-se ao facto de a estrela central em qualquer sistema estrela Be + disco não parecer rodar às suas velocidades críticas (Townsend et al., 2004). Parece

razoável que a estrela seja capaz de fornecer o momento angular necessário para o disco. No entanto, o mecanismo real responsável pela transferência de momento angular da estrela para o disco ainda não é claro.

1.6 REVISÃO DA LITERATURA

O estudo das estrelas Be começou já em 1866, quando o Padre Angelo Sechhi descobriu a primeira estrela Be gam Cas. A partir daí, foram efectuados estudos extensivos no domínio da investigação das estrelas Be. São realizados numerosos trabalhos para compreender melhor diferentes aspectos das estrelas Be, tais como a cinemática do disco, a geometria, a incidência da estrela Be, a fração, a variabilidade, a rotação, etc. Foram também efectuados vários estudos, tanto fotométricos como espectroscópicos.

Para a presente investigação, foi necessário analisar os principais trabalhos relevantes para obter uma compreensão básica sobre vários aspectos das estrelas Be. De seguida, destacam-se alguns trabalhos importantes realizados no âmbito da investigação sobre estrelas Be:

i) **Artigos de revisão**: Rivinius et al. (2013) e Porter & Rivinius (2003) fornecem revisões abrangentes dos estudos efectuados no domínio da investigação sobre as estrelas Be.

ii) **Levantamentos fotométricos**: Os estudos de Mennickent et al. (2002) e Sabogal et al. (2005) são dois dos trabalhos mais importantes neste domínio. Mennickent et al. (2002) apresentaram um catálogo de 1056 candidatas a estrelas Be na galáxia SMC através de uma investigação exaustiva da base de dados OGLE II. Usando a mesma base de dados, Sabogal et al. (2005) desenvolveram um catálogo de 2446 candidatas a estrelas Be na galáxia LMC, juntamente com os seus dados fotométricos e coordenadas correspondentes.

iii) **Estudos espectroscópicos**: Até à data, foram efectuados vários estudos espectroscópicos para caraterizar os discos de estrelas Be e compreender melhor o "fenómeno Be". Particularmente importante é o estudo de Jaschek et al. (1980) que classificou as estrelas Be em 5 grupos com base numa amostra de 140 estrelas observadas durante um período de 20 anos. Depois, Andrillat et al. (1988) realizaram o primeiro estudo sistemático de estrelas Be na região de comprimento de onda 7500 - 8800 A e chamaram a atenção para o facto de esta região ser pouco estudada. Mais tarde, Mathew & Subramaniam (2011) apresentaram as características espectrais de 150 estrelas Be do norte em 42 aglomerados abertos estudados através de espetroscopia sem fenda (Mathew et al., 2008). Além disso, Paul et al. (2012) efectuaram espetroscopia ótica de 120 estrelas Be candidatas nas nuvens de Magalhães para estudar as suas propriedades espectrais. Alguns outros levantamentos importantes no regime ótico foram feitos por Klement et al. (2019); Arcos et al. (2017); Koubsky et al. (2012); Banerjee et al. (2000); Hanuschik (1986); Dachs et al. (1986); Andrillat & Fehrenbach (1982), etc.

iv) **Fração de estrelas Be**: Um número considerável de estudos descobriu que cerca de 10 a 20% de todas as estrelas de tipo B na nossa galáxia Via Láctea são de facto estrelas Be (por exemplo, Mathew et al., 2008; Zorec & Briot, 1997; Jaschek & Jaschek, 1983)

v) **Incidência de estrelas Be**: Em geral, as estrelas Be pertencem à gama espetral O9 a A3. Estudos efectuados por diferentes autores mostraram que as estrelas Be exibem normalmente uma distribuição bimodal, com um pico nos tipos espectrais B1-B2 e novamente nos tipos espectrais B7-B8 (e.g. Arcos et al., 2017; Mathew et al., 2008; Slette- bak, 1982; Mermilliod, 1982). A razão para essa distribuição bimodal mostrada pelas estrelas Be ainda não é compreendida.

vi) **Rotação rápida**: A taxa de rotação das estrelas Be é a mais rápida de todas as estrelas não degeneradas do Universo. Por isso, podem ser usadas como bons bancos de ensaio para estudar a rotação estelar, o único parâmetro estelar fundamental que ainda não é claramente compreendido. A revisão da literatura revela que, nas últimas décadas, foram efectuados vários estudos sobre a rotação rápida de estrelas Be. Alguns dos principais estudos relativos à análise da velocidade de rotação de estrelas Be são Maeder (2009), Townsend et al. (2004), Maeder & Meynet (2000), Slettebak (1979), etc.

vii) **Variabilidade em estrelas Be**: A variabilidade nos perfis das linhas espectrais é uma propriedade comummente observada em quase todas as estrelas Be. O estudo da variabilidade nos perfis das linhas espectrais destas estrelas fornece informações sobre a natureza transitória do seu disco, a extensão da região das linhas de emissão *Ha*, etc. Alguns trabalhos importantes sobre variabilidade em estrelas Be foram efectuados por Oudmaijer & Drew (1997), Balona (1992), Cuypers et al. (1989), Baade (1982, 1984), etc.

viii) Cinemática **e geometria do disco**: Até à data, foram efectuados muitos estudos para compreender melhor a cinemática e a geometria do disco das estrelas Be. Alguns estudos que merecem ser mencionados são Delaa et al. (2011); Meilland et al. (2007); Quirrenbach et al. (1997); Dougherty & Taylor (1992) e Dachs et al. (1986).

1.7 NECESSIDADE DO ESTUDO

A revisão da literatura revela que foram efectuados até agora bastantes estudos espectroscópicos para caraterizar o disco de estrelas Be e para compreender melhor o "fenómeno Be". No entanto, não existe na literatura uma análise espetral exaustiva de todas as linhas de emissão presentes nos espectros ópticos de uma amostra de mais de 100 estrelas Be de campo. Qualquer estudo deste tipo utilizando espectros que cubram toda a banda ótica (i.e. 3800 - 9000 A) ajudará a fornecer uma compreensão colectiva sobre a natureza das linhas de emissão observadas nos espectros das estrelas Be. Tal trabalho produzirá também um atlas de linhas de emissão para estrelas Be que pode ser um recurso valioso para investigadores envolvidos na investigação de estrelas Be.

A revisão da literatura também confirma que, comparativamente, foram efectuados menos estudos até à data sobre a variabilidade a longo prazo das estrelas Be. Verifica-se que não existe atualmente nenhuma ideia conclusiva sobre quando é que uma estrela Be perde o seu disco durante a sua vida, quando é que o disco volta a aparecer ou quais são as escalas de tempo para a dissipação e formação do disco em estrelas Be? Estas questões, que estão relacionadas com a natureza transitória das estrelas Be, permanecem em aberto até à data. As fases de perda do disco e de reaparecimento das estrelas Be podem ser identificadas através do estudo regular dos seus perfis de linhas *Ha*. Qualquer estudo dedicado à natureza transitória das estrelas Be ajudará na modelação dos discos circunstelares destas estrelas e, assim, fornecerá uma melhor compreensão do "fenómeno Be" nas estrelas Be. Além disso, com o lançamento de dados subsequentes do *Gaia* (DR2 e DR3), podemos estudar as propriedades das estrelas Be.

Através do estudo realizado nesta tese tentamos compreender os discos circunstelares de estrelas Be na Galáxia usando espetroscopia ótica e análise fotométrica ótica/IR usando os novos parâmetros estelares estimados a partir dos dados *Gaia*. Os principais objectivos do presente estudo são:

- Efetuar um estudo exaustivo das principais linhas de emissão presentes nas estrelas Be do campo, utilizando dados precisos de distância obtidos com o *Gaia* DR2.
- Para estudar a opacidade do disco em estrelas do campo Be, considerando o efeito do parâmetro de extinção, A_V.
- Avaliar a dissipação do disco e as escalas de tempo de formação de estrelas Be usando espectros ópticos multiepoch.
- Para estimar a extensão da região de emissão *Ha* para estrelas Be seleccionadas.

1.8 SÍNTESE DA TESE

A motivação principal da tese é compreender melhor os discos circunstelares das estrelas Be na Galáxia usando espetroscopia ótica e análise fotométrica ótica/IR à luz dos novos dados libertados pelo satélite *Gaia*. Os pormenores deste estudo serão apresentados em seis capítulos da tese, como se descreve a seguir.

1.8.1 Capítulo 1: Introdução

Este capítulo começa com uma introdução concisa e básica sobre as estrelas Be. Apresenta uma breve descrição das diferentes propriedades observacionais das estrelas Be, bem como as características do seu disco. A revisão da literatura feita para a presente tese também é destacada. O capítulo termina com uma discussão sobre os fundamentos deste estudo.

1.8.2 Capítulo 2: Inventário de dados e instrumentos

Neste capítulo, discutimos as técnicas de observação que seguimos e os instrumentos utilizados para obter os dados necessários. É igualmente apresentada uma breve descrição do software e das bases de dados utilizados para a análise dos dados.

1.8.3 Capítulo 3: Estudo das principais características das linhas de emissão para estrelas Be clássicas de campo utilizando espetroscopia ótica

Neste capítulo, apresentamos os resultados da nossa análise espectroscópica para uma amostra de 118 estrelas Be na gama de comprimentos de onda de 3800 - 9000 A, seleccionadas do catálogo de Jaschek & Egret (1982). Os pormenores necessários sobre as observações realizadas e o processo de redução de dados empregue são também discutidos brevemente.

1.8.4 Capítulo 4: Avaliação da dissipação do disco e das escalas de tempo de formação de estrelas Be clássicas usando espectros ópticos multiepoch

Este capítulo trata do estudo da natureza transitória de um conjunto de 9 estrelas Be galácticas brilhantes cuidadosamente seleccionadas que mostraram a linha *Ha* em absorção completa pelo menos uma vez na literatura, indicando que estas estrelas passaram por uma fase sem disco pelo menos uma vez durante a sua vida.

1.8.5 Capítulo 5: Estimativa da extensão da região de emissão H *a* para estrelas Be clássicas seleccionadas

Neste capítulo, estimamos o raio do disco para duas entre 9 amostras de estrelas Be (usadas para estudo da natureza transiente) que exibiram perfil de emissão *Ha de* pico duplo, quando observadas por nós usando o telescópio de 1 m em Kavalur, Índia. É também efectuado um estudo comparativo com a literatura para verificar a influência dos tipos espectrais ou da binaridade na extensão da região de emissão *Ha* para estrelas Be simples ou em sistemas binários.

1.8.6 Capítulo 6: Resumo e perspectivas futuras

O capítulo final resume os resultados dos tópicos abordados nesta tese. Além disso, discute algumas questões de investigação que podem ser abordadas no futuro.

Capítulo 2

Inventário de dados e instrumentos

2.1 INTRODUÇÃO

Neste capítulo, discutimos as técnicas de observação que seguimos e os instrumentos utilizados para obter os dados necessários. É igualmente apresentada uma breve descrição do software e das bases de dados utilizados para a análise dos dados.

2.2 INSTALAÇÕES DE TELESCÓPIOS E INSTRUMENTOS

Utilizámos dois grandes telescópios ópticos indianos para obter os dados necessários para o presente estudo. Trata-se do Telescópio Chandra dos Himalaias (HCT) de 2 m situado no Observatório Astronómico Indiano (IAO), Hanle, Ladakh, Índia e do telescópio refletor de 1 m situado no Observatório Vainu Bappu (VBO), Kavalur, Tamil Nadu, Índia. Estas duas instalações são geridas pelo Instituto Indiano de Astrofísica (IIA), Bangalore* .

2.2.1 Telescópio Himalayan Chandra (HCT)

O HCT de 2 m foi fabricado pela EOS Technologies Inc., Tuscon, Arizona, EUA. Obteve a primeira luz em 26 de setembro de 2000. Posteriormente, o HCT foi libertado para observações científicas no início de maio de 2003. Este telescópio é operado remotamente a partir do Centro de Investigação e Educação em Ciência e Tecnologia (CREST), Hosakote, através de uma ligação dedicada por satélite. O campus do CREST está situado a cerca de 35 km a nordeste de Bangalore. Com uma configuração ótica Ritchey-Chretien f/9 (Cassegrain), o HCT oferece um campo de visão (FOV) de 7 arcmin, que pode ir até 30 arcmin utilizando um corretor. Montado num suporte altazimutal, este telescópio tem uma escala de imagem de 11,5 arcseg/mm, respetivamente. As observações são efectuadas principalmente em focagem Cassegrain, embora também esteja disponível a focagem Nasmyth. A qualidade da imagem obtida com o telescópio é estimada em cerca de 0,7 arcseconds de diâmetro (80% de potência). Em maio de 2005, foi instalado um autoguia para o HCT denominado AUGUS, desenvolvido no Observatório da Universidade de Copenhaga, na Dinamarca. Foi alcançada uma precisão de apontamento de 3 segundos de arco. A Fig. 2.1 mostra a cúpula que contém a instalação HCT situada em Ladakh.

*(*htt p : //www.iia p.res.in/*)

Figura 2.1: A cúpula de 2 m do Telescópio Chandra dos Himalaias (HCT) situada no IAO, Hanle, Ladakh. Imagem obtida por Gourav Banerjee, crédito: https://www.iiap.res.in/

O HCT está atualmente equipado com três instrumentos científicos, todos eles montados num cubo de montagem de instrumentos no foco Cassegrain do telescópio. Estes instrumentos são a Hanle Faint Object Spectrograph Camera (HFOSC), o NIR Imaging Spectrograph (TIRSPEC) e o Hanle Echelle Spectrograph (HESP). Existem quatro portas laterais e uma porta no eixo para o cubo de montagem do instrumento. Isto torna disponíveis os três instrumentos que permanecem montados no telescópio. Para o nosso estudo, usámos o instrumento HFOSC para obter espectros ópticos de uma grande amostra de estrelas Be.

HFOSC

O HFOSC é um gerador de imagens ópticas com espetrógrafo desenvolvido em colaboração com o Observatório da Universidade de Copenhaga. Trata-se, na verdade, de um instrumento do tipo redutor focal que permite uma cobertura de campo maior para um dado detetor, e também espetroscopia de grisma de baixa e média resolução. Numa questão de poucos minutos é possível alternar entre os modos de observação de imagem e espetroscópico.

As distâncias focais da câmara e do colimador do instrumento HFOSC são de 147 mm e 252 mm, respetivamente. Montada no foco Cassegrain do HCT, está equipada com um sistema CCD SiTe 2K x 4K. Cada pixel corresponde a 0,3 x 0,3 arcseg^2 (sem vinheta), proporcionando assim um campo de visão (FOV) de 10 x 10 arcmin^2 . Com um fator de redução de 0,58, pode fornecer resoluções de R $\sim$ 150 a R $\sim$ 4500 utilizando um conjunto de 11 grismas. O ganho e o ruído de leitura do instrumento HFOSC são 1,22 e- /ADU e 4,8 e-, respetivamente. A Fig. 2.2 mostra o instrumento HFOSC instalado na instalação HCT.

2.2.2 Telescópio refletor de 1 m

O telescópio refletor de 1 m está situado no campus do VBO em Kavalur. Situado a cerca de 200 km a sudoeste de Chennai e 175 km a sudeste de Bangalore, o VBO é um dos mais importantes e activos observatórios astronómicos da Índia. A sua localização é entre a vegetação florestal das colinas de Javadi, no distrito de Tirupathur, no estado indiano de Tamil Nadu, a uma altitude de cerca de 750 m (longitude 78° 49,6' E; latitude 12° 34,6' N) do nível do mar. O VBO está distribuído por uma área de 40 hectares, longe da poluição luminosa e da azáfama de qualquer grande cidade.

Figura 2.2: O instrumento HFOSC instalado na instalação HCT. Crédito da imagem: https://www.iiap.res.in/

Atualmente, o VBO dispõe de uma série de telescópios sofisticados e instrumentos associados para observação do céu. O telescópio histórico de 1 m foi instalado em 1972. É composto por uma configuração ótica Ritchey-Chretien F/13, com um espelho primário de 1,02 m de diâmetro e uma escala de placa de 15,5 arcsec/mm. Dois instrumentos, um polarímetro ótico estelar e um espetrógrafo de média resolução, conhecido como Universal Astronomical Grating Spectrograph (UAGS), foram acoplados a este telescópio para as observações de objectos alvo. Qualquer um destes dois instrumentos pode ser utilizado num dado momento. A Fig. 2.3 mostra o telescópio de 1 m situado no VBO, em Kavalur.

2.3 OBSERVAÇÕES COM OS TELESCÓPIOS

Como parte desta tese, o estudo das principais características das linhas de emissão para uma grande amostra de estrelas Be foi efectuado no Capítulo 3 utilizando espetroscopia ótica.

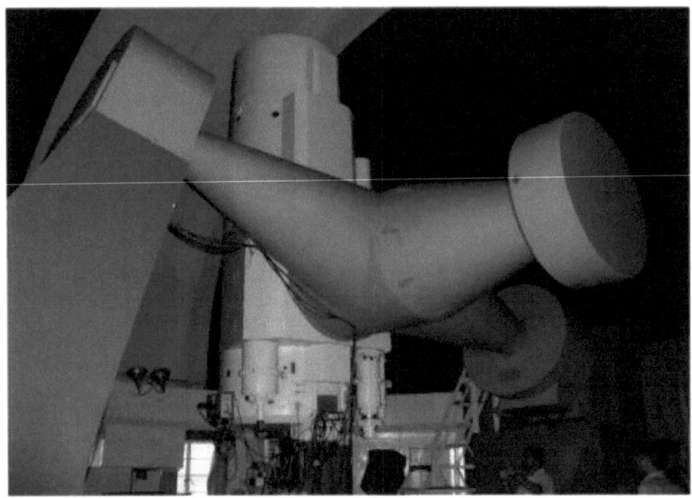

Figura 2.3: O telescópio de 1 m situado no VBO, Kavalur. Imagem obtida por Gourav Banerjee, crédito: https://www.iiap.res.in/

troscopia. As observações espectroscópicas de 118 estrelas Be seleccionadas foram realizadas com o instrumento HFOSC montado na instalação HCT. Durante dezembro de 2007 a janeiro de 2009 observámos uma amostra de 118 estrelas Be seleccionadas do catálogo de Jaschek & Egret (1982).

Estas estrelas foram seleccionadas com base na visibilidade de observação do HCT. A cobertura espetral é de 3800 - 9000 A. O espetro na 'região azul' é obtido com o Grism 7 (3800 - 5500 A), que em combinação com a fenda 1671 fornece uma resolução efectiva de 10 A em *Hв*. O espetro da região vermelha é obtido com o Grism 8 (5500 - 9000 A) e a fenda 1671, fornecendo uma resolução efectiva de 7 A em *Ha*. Foram utilizados planos de cúpula obtidos com lâmpadas de halogéneo para o campo plano das imagens. A subtração do desvio, a correção do campo plano e a extração espetral foram realizadas com tarefas IRAF padrão. Os espectros das lâmpadas FeNe e FeAr foram obtidos com os espectros dos objectos para calibração do comprimento de onda. Todos os espectros brutos extraídos foram calibrados em comprimento de onda e normalizados no continuum com tarefas IRAF.

Em seguida, no Capítulo 4 da presente tese, estudámos a natureza transitória das estrelas Be para avaliar a dissipação do disco e as escalas de tempo de formação destas estrelas usando espectros ópticos multiepoch. Para este estudo, seleccionámos 9 estrelas Be brilhantes na Galáxia, todas as quais mostraram a linha *Ha* em absorção completa pelo menos uma vez durante a sua vida. Um total de 140 espectros de média resolução das 9 estrelas Be brilhantes seleccionadas (V de 3,7 a 8,9) foram obtidos usando o instrumento UAGS equipado com o telescópio refletor de 1 m do VBO. O ganho e o ruído de leitura do instrumento UAGS são 1,22 e-

/ADU e 4,8 e-, respetivamente^. O tamanho de cada pixel é de 20 x 20 mícrones e a largura da fenda pode ser de 130 mícrones para ~ 2 segundos de arco do céu (para duas resoluções de pixel). A Fig. 2.4 mostra o instrumento UAGS instalado no telescópio de 1 m.

Figura 2.4: O instrumento UAGS instalado no telescópio de 1 m do VBO. Imagem obtida por Gourav Banerjee, crédito: https://www.iiap.res.in/

https : //www.uap.res.in/vbo.htmVBOinstruments)

As 9 estrelas para o nosso estudo foram seleccionadas por serem suficientemente brilhantes para serem observadas com o telescópio de 1,0 m. O CCD utilizado para a imagem consiste em 1024 *x* 1024 pixels com um tamanho de 24 *idm*, onde os 1024 *x* 300 pixels centrais foram utilizados para espetroscopia. A monitorização contínua destas estrelas foi realizada desde junho de 2017. Utilizámos a grelha Bausch e Lomb de 1800 linhas/mm, que em combinação com a fenda dá uma resolução de 1 A em *Ha*. Os espectros foram obtidos na faixa de 6200 - 6700 A, em configurações particularmente centradas na linha *Ha*. Isto é feito para estudar a natureza transitória das estrelas Be, investigando as mudanças contínuas observadas no seu perfil de linha Ha. Foram utilizados planos de cúpula obtidos com lâmpadas de halogéneo para a obtenção de imagens de campo plano. A subtração do desvio, a correção do campo plano e a extração espetral foram realizadas com tarefas padrão do IRAF. Os espectros da lâmpada FeNe foram obtidos juntamente com o espetro do objeto para calibração do comprimento de onda. Todos os espectros brutos extraídos foram calibrados em comprimento de onda e normalizados no contínuo com as tarefas IRAF (descritas na secção 2.4). Foram necessárias exposições múltiplas de 10 a 15 minutos para obter um bom sinal.

Além disso, descobrimos que 3 destas 9 estrelas foram observadas pela nossa equipa de investigação utilizando a mesma configuração desde 2015. Assim, recuperámos os dados para essas estrelas que foram previamente observadas durante 2015-2016. Isto aumentou o volume de dados para o nosso estudo da natureza transitória das estrelas Be. Finalmente, os dados obtidos com a mesma instalação de telescópio de 1,0 m também são utilizados para estimar a extensão da região de emissão *Ha* para duas estrelas Be seleccionadas, o que constitui o conteúdo do Capítulo 5 desta tese.

2.4 PACOTES DE SOFTWARE

2.4.1 IRAF

IRAF significa 'Image Reduction and Analysis Facility', um sistema de software de uso geral para redução e análise de dados astronómicos. É utilizado para o processamento geral de imagens e para a redução de dados astronómicos sob a forma de matrizes de píxeis. Apesar de ter sido escrito pelo National Optical Astronomy Observatories (NOAO) em Tucson, Arizona, o IRAF está licenciado sob uma licença ao estilo do MIT. O IRAF foi listado na Astronomical Source Code Library como ascl:9911.002. No entanto, o desenvolvimento e a manutenção do IRAF foram interrompidos desde 2013. A atual versão 2.17 do IRAF está disponível no github em:
https://github.com/iraf-community/iraf/releases/latest/

2.4.2 Python

Python é uma linguagem de programação que ajuda a trabalhar mais rapidamente e a integrar os sistemas necessários de forma mais eficaz (https://www.python.org/). A linguagem Python é utilizada com sucesso em milhares de aplicações comerciais do mundo real em todo o mundo, incluindo muitos sistemas de grande dimensão e de missão crítica. É também muito utilizado na análise de dados astronómicos. Os gráficos e análises apresentados nesta tese são efectuados utilizando os códigos desenvolvidos em linguagem Python.

2.4.3 Verso

O Overleaf é um editor de texto utilizado para a preparação de documentos, tais como teses, publicações de investigação e relatórios. A preparação da presente tese e dos artigos publicados relativos a esta tese foi efectuada utilizando o Overleaf. É um editor de texto rico, pelo que não é necessário saber qualquer código para começar. Basta editar o texto, adicionar imagens e ver o documento dactilografado a ser atualizado automaticamente à medida que o utilizador inclui a informação. O tutorial online do Overleaf apresenta uma introdução rápida em três passos às principais funcionalidades.

2.5 REDUÇÃO DE DADOS

Os dados obtidos pelos instrumentos HFOSC e UAGS foram reduzidos usando o IRAF. A redução dos nossos espectros incluiu a subtração do quadro de polarização, a extração da abertura seguida da calibração do comprimento de onda e da normalização do contínuo. A calibração do comprimento de onda é feita usando espectros de lâmpadas de arco Fe-Ar (Ferro-Argon). Todos os espectros foram inicialmente normalizados para o contínuo. Os passos de redução utilizando o IRAF são explicados de seguida:

- **Subtração do desvio:** A subtração do nível de polarização é o primeiro passo no procedimento de redução de dados. A polarização numa câmara CCD é um desvio DC aplicado a todos os pixels, de modo a que a tensão em cada pixel seja convertida num número que será sempre positivo. Esta tensão de desvio DC presente no CCD é registada juntamente com a imagem. Para corrigir este fenómeno, é obtido um fotograma de imagem com tempo de exposição = 0 (zero) segundos. Esta imagem com tempo de exposição zero é conhecida como quadro de polarização. Assim, não representa a carga acumulada no chip a partir de uma estrela. Em vez disso, contém apenas um sinal indesejado devido à eletrónica que elabora os dados do sensor. Independentemente do tipo de câmara utilizado, a relação sinal/ruído (S/N) é frequentemente o principal fator de decisão entre uma boa imagem e uma excelente imagem.

Na prática, a polarização é ligeiramente diferente para cada pixel e pode variar uma ou duas contagens de noite para noite ou mesmo durante uma única noite. Assim, são normalmente adquiridos vários fotogramas de polarização em intervalos regulares ao longo de uma determinada noite de observação. A seguir, calcula-se a média de uma amostra (cerca de 10 ou mais) de fotogramas de polarização (fotogramas obtidos com tempo de exposição zero) pixel a pixel, a fim de obter um fotograma de polarização médio, conhecido como polarização principal, utilizando a tarefa padrão do IRAF chamada *imcombine*. Esta polarização principal é então subtraída de cada imagem (quadro de objeto), pixel a pixel, utilizando a tarefa *imarith*. A Fig. 2.5 mostra um exemplo de um quadro de polarização para uma das estrelas do nosso programa.

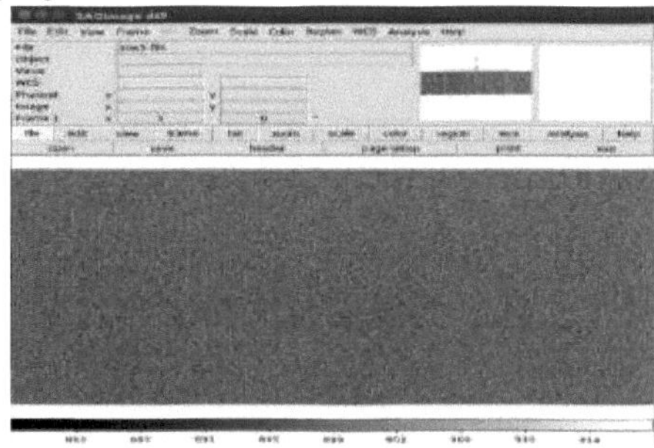

Figura 2.5: Um quadro de amostragem de preconceitos para uma das estrelas do programa

- **Extração de aberturas utilizando o Apall:** *O Apall* é uma tarefa em várias etapas utilizada para definir e extrair os dados da imagem CCD 2D, fornecendo funções para definir, modificar, traçar e extrair aberturas de espectros 2D. No início, a abertura e também o fundo podem ser modificados e examinados. Esta tarefa ajuda a extrair um espetro bem exposto. A rotina de traçado é gerada e interage depois com o ajuste do traçado para a abertura. Embora o tamanho do traço não possa ser variado, o ajuste pode ser feito interactivamente no gráfico, eliminando pontos. Uma vez ajustado o traço, a abertura é escrita na base de dados, que regista o seu valor e o dos parâmetros do traço. Isto dá finalmente os espectros extraídos. Esta tarefa é executada tanto para a imagem do objeto como para a imagem da lâmpada. As Figs. 2.6 e 2.7 mostram um exemplo de espetro de objeto e de lâmpada, respetivamente. Da mesma forma, as Figs. 2.8 e 2.9 representam os correspondentes espectros extraídos do objeto e da lâmpada utilizando a tarefa *apall*.

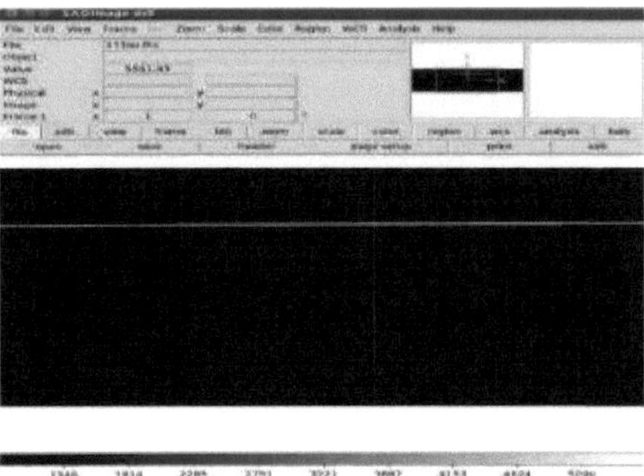

Figura 2.6: Um exemplo de espetro de objeto para uma das estrelas do programa

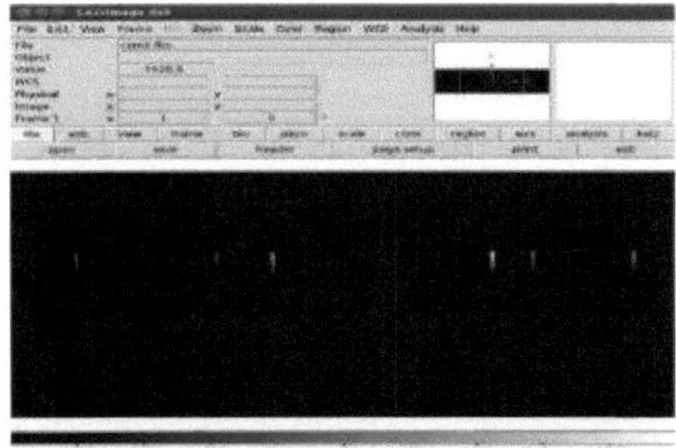

Figura 2.7: Um exemplo de espetro de lâmpada para uma das estrelas do programa

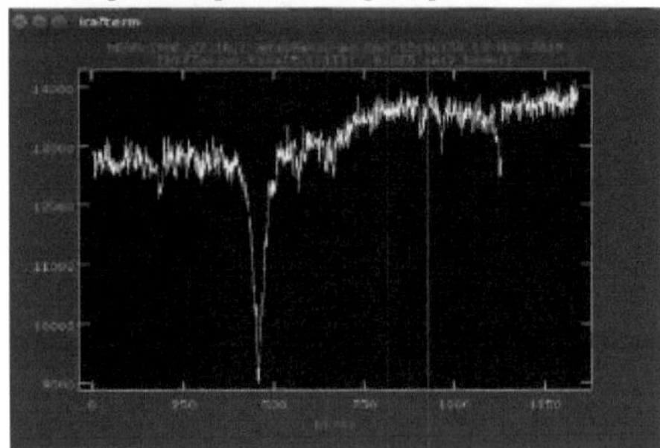

Figura 2.8: Extração de objectos utilizando a tarefa *apall*

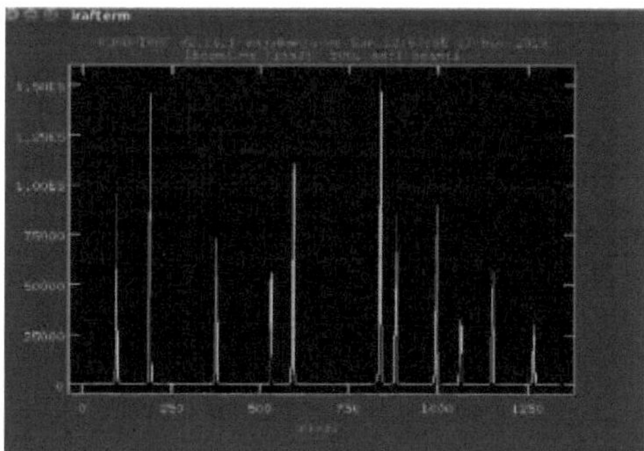

Figura 2.9: Extração de lâmpadas utilizando a tarefa *apall*

- **Calibração do comprimento de onda:** Este é o processo de conversão da escala de píxeis no gráfico do espetro para uma escala de comprimento de onda. É necessário um espetro de comparação em que os comprimentos de onda das linhas tenham sido identificados utilizando a tarefa *identificar*. Esta tarefa permite identificar que linhas de comparação ou de lâmpada têm que comprimentos de onda de laboratório, e ajustar uma função a estes dados. Normalmente, são utilizadas fontes de Ferro-Neão ou Ferro-Argão para obter os espectros de comparação. A comparação é efectuada utilizando a tarefa *refspec*, após o que a tarefa *dispcor* é utilizada para determinar uma solução de dispersão a partir dos comprimentos de onda das linhas identificadas na exposição de comparação. Esta é então utilizada para colocar o espetro do objeto numa escala linear de comprimento de onda, interpolando para uma constante A *Л* por pixel. A Fig. 2.10 representa a identificação da linha utilizando a tarefa de *identificação.*
- **Normalização do contínuo:** O passo final é normalizar o contínuo para a unidade usando a tarefa *splot*, onde os pontos do contínuo são escolhidos e uma função é ajustada ao contínuo. A Fig. 2.11 mostra um espetro normalizado de continuum de uma das estrelas do nosso programa.

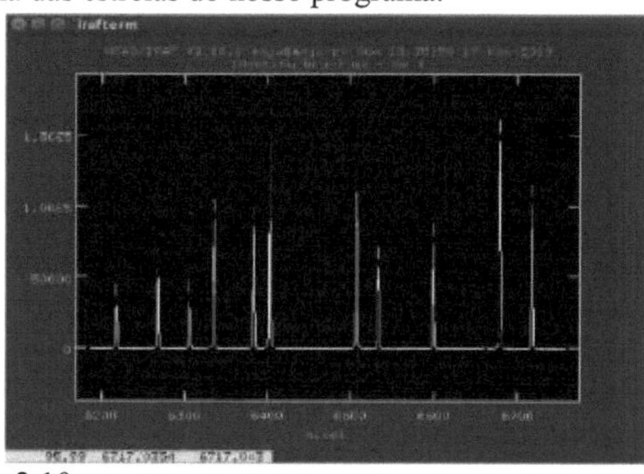

Figura 2.10: Identificação de linhas utilizando a tarefa de *identificação*

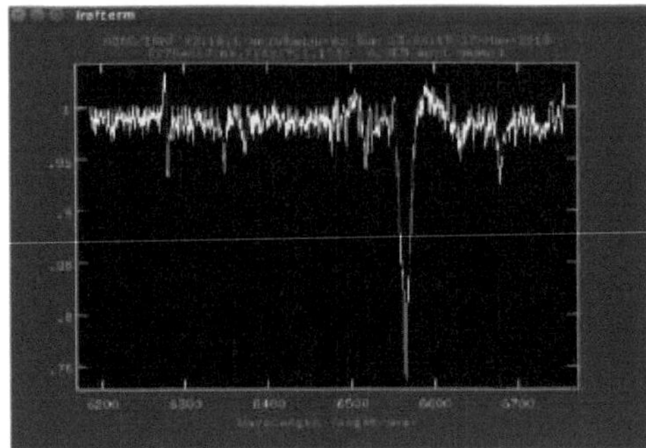

Figura 2.11: Espectros normalizados contínuos de uma das estrelas do programa

2.6 Satélite de *Gaia*

Gaia é uma missão da Agência Espacial Europeia (ESA) lançada a 19 de dezembro de 2013 com o objetivo de criar um mapa 3-D da Via Láctea, bem como de fornecer conhecimentos que revelem a sua composição e evolução (Gaia Collaboration et al., 2016). A fase operacional científica nominal de cinco anos do *Gaia* começou em 2014, depois de completar um período de comissionamento de seis meses. Até à data, mediu os movimentos próprios e as paralaxes de mais de mil milhões de estrelas da galáxia com uma precisão de mili-segundos de arco (Lindegren et al., 2016). A Fig. 2.12 apresenta uma imagem artística do satélite *Gaia.*

Figura 2.12: Uma impressão artística do satélite *Gaia*. Figura de https://cds.unistra.fr/GaiaEDR3News

Até à data, *o Gaia* publicou três comunicados de dados com base nas observações que efectuou. O primeiro lançamento de dados, conhecido como *Gaia* DR1, ocorreu em 14 de setembro de 2016, com base em 14 meses de observações. Em 25 de abril de 2018, o segundo lançamento de dados, designado por *Gaia* DR2, teve lugar com base em 22 meses de observações entre 25 de julho de 2014 e 23 de maio de 2016. *O Gaia* DR2 inclui valores de posição, movimento próprio e paralaxe para cerca de 1,7 mil milhões de fontes, dados fotométricos vermelhos e azuis para mais de 1,3 mil milhões de estrelas e um conjunto abrangente de medições de velocidade radial para aproximadamente 7 milhões de estrelas entre as magnitudes 4 e 13 da banda G (Gaia Collaboration et al., 2018a). A lista de fontes para o *Gaia* DR2 foi desenvolvida com base nas detecções directas. Por isso, é consideravelmente mais limpa e é caracterizada por uma excelente resolução angular, proporcionando assim uma astrometria melhorada. Os dados fotométricos fornecidos pelo DR2 são uma das principais melhorias do *Gaia* DR2 em relação ao DR1.

Utilizámos os novos dados disponíveis do Gaia DR2 para reestimar o parâmetro de extinção das estrelas do nosso programa. A análise das linhas espectrais considerando os dados do Gaia DR2 acrescentou mais significado ao nosso estudo.

O Gaia Early Data Release 3 (EDR3) teve lugar a 3 de dezembro de 2020. Continha dados fotométricos e astrométricos de 1,8 mil milhões de fontes (Gaia Collaboration et al., 2021). O *Gaia* EDR3 consistiu em dados consolidados observados pelo satélite *Gaia* durante 1034 dias, desde 25 de julho de 2014 até 28 de maio de 2017 (Lindegren et al., 2021). Pelo contrário, a anterior publicação de dados, ou seja, *Gaia* DR2, foi compilada após uma duração de observação de 640 dias (Gaia Collaboration et al., 2018b). Tendo consolidado dados para um número consideravelmente maior de dias, *o Gaia* EDR3 tornou-se mais preciso do que a sua versão anterior.

Posteriormente, o Gaia Data Release 3 (*Gaia* DR3) foi lançado recentemente, a 13 de junho de 2022. O recém-lançado catálogo Gaia DR3 baseou-se no EDR3 e combinou, para o mesmo conjunto de observações e o mesmo período de tempo, estes produtos de dados já publicados com vários novos produtos de dados, tais como estrelas não individuais, objectos estendidos, etc. O número total de fontes no *Gaia* DR3 é de 1 811 709 771, em comparação com 1 692 919 135 no *Gaia* DR2 e 1 142 679 769 no *Gaia* DR1.

2.7 BASES DE DADOS UTILIZADAS PARA ESTE ESTUDO

2.7.1 SIMBAD

A base de dados astronómica SIMBAD fornece dados básicos, medições, identificações cruzadas e bibliografia para objectos astronómicos localizados fora do sistema solar. É possível consultar a SIMBAD através do nome do objeto, das coordenadas e de vários outros critérios. Podem também ser submetidas listas de objectos e guiões. A presente investigação utilizou a base de dados SIMBAD, operada no Centre de Donnees astronomiques de Strasbourg (CDS), Observatório de Strasbourg, França (Wenger et al., 2000).

2.7.2 Catálogo em linha do Vizier

O VizieR fornece a mais completa biblioteca de catálogos astronómicos publicados - tabelas e dados associados - com dados verificados e enriquecidos, acessíveis através de múltiplas interfaces. Foi iniciado em 1996 como um esforço conjunto do CDS, França e ESA-ESRIN (Divisão de Sistemas de Informação). Atualmente, o VizieR é totalmente gerido pelo CDS. O VizieR foi descrito em Ochsen- bein et al. (2000). As ferramentas de consulta permitem a qualquer utilizador selecionar quadros de dados relevantes e extrair e formatar registos que correspondam aos critérios fornecidos. Atualmente, o VizieR contém um total de 23136 catálogos.

O presente trabalho utilizou a base de dados VizieR. Note-se que o VizieR não contém todos os catálogos em linha disponíveis. Alguns catálogos não são adequados e também alguns catálogos utilizados com menos frequência ainda não foram incorporados na base de dados VizieR. Estes últimos podem ser acedidos por FTP a partir do Astronomer's Bazaar.

2.7.3 Base de dados Be Star Spectral (BeSS)

A base de dados BeSS é um grande catálogo espetral de estrelas Be, estrelas HAeBe e supergigantes B[e] (Neiner et al., 2011). Reúne espectros dessas estrelas obtidos por astrónomos profissionais e amadores. Esta base de dados é mantida no laboratório LESIA do Observatoire de Paris-Meudon, em França. Qualquer pessoa pode consultar a base de dados BeSS para descarregar os espectros de uma/algumas estrelas Be à sua escolha ou pode consultar o catálogo de estrelas Be, estrelas HAeBe e supergigantes B[e].

Se estiver interessado, qualquer pessoa pode registar-se como observador para carregar na base de dados BeSS os espectros de tais estrelas que tenha obtido. Nesse caso, os espectros carregados devem estar em conformidade com o formato de ajuste e o seu cabeçalho também deve conter pelo menos algumas palavras-chave específicas. O formato para o carregamento de dados está disponível no sítio Web do BeSS† .

2.7.4 Aladin Sky Atlas

Esta investigação também utilizou o "atlas do céu Aladin" desenvolvido no CDS, França (Bonnarel et al., 2000; Boch & Fernique, 2014). O Aladin é um atlas do céu interativo que permite ao utilizador visualizar imagens astronómicas digitalizadas ou levantamentos completos, sobrepor entradas de catálogos astronómicos ou bases de dados e aceder interactivamente a dados e informações relacionados da base de dados Simbad, do serviço VizieR e de outros arquivos para todos os objectos astronómicos conhecidos no terreno.

Nas palavras dos próprios autores (Bonnarel et al., 2000), "o atlas interativo do céu Aladin, desenvolvido no CDS, é um serviço que permite o acesso simultâneo a imagens digitalizadas do céu, catálogos astronómicos e bases de dados. A motivação principal é facilitar a comparação direta e visual de dados observacionais em qualquer comprimento de onda com imagens do céu ótico e com catálogos de referência".

†(*htt p* : *//basebe.obspm. f* r/basebe/)

Capítulo 3

Estudo das principais características das linhas de emissão para estrelas Be clássicas de campo utilizando espetroscopia ótica

3.1 INTRODUÇÃO

Este capítulo apresenta a análise de uma amostra de 118 estrelas Be na gama de comprimentos de onda de 3800 - 9000 A. Estas estrelas foram seleccionadas do catálogo de Jaschek & Egret (1982). Uma descrição concisa dos instrumentos utilizados para as observações foi dada no capítulo anterior. De acordo com o melhor do nosso conhecimento, este é o primeiro estudo em que espectros quase simultâneos cobrindo toda a gama espetral de 3800 - 9000 A foram estudados para mais de 100 estrelas do campo Be. Produzimos, portanto, um atlas de linhas de emissão para estrelas Be que será um recurso valioso para os investigadores envolvidos na investigação de estrelas Be.

3.2 ESTUDOS ANTERIORES

Até agora foram efectuados vários estudos espectroscópicos para caraterizar o disco de estrelas Be e para compreender melhor o "fenómeno Be". Particularmente importante é o estudo de Jaschek et al. (1980) que classificou as estrelas Be em cinco grupos com base numa amostra de 140 estrelas observadas durante um período de 20 anos. Ao estudar uma amostra de 183 estrelas Be em todo o céu, Slettebak (1982) descobriu que a distribuição está a atingir o pico no tipo espetral B2. Mais tarde, Andrillat et al. (1988) realizaram o primeiro estudo sistemático de estrelas Be na região de comprimento de onda 7500 - 8800 A e chamaram a atenção para o facto de esta região ser pouco estudada.

Posteriormente, Mathew et al. (2008) identificaram 152 estrelas Be clássicas em 42 aglomerados abertos do norte através de espetroscopia sem fenda. As características espectrais destas estrelas foram analisadas em Mathew & Subramaniam (2011). Paul et al. (2012) realizaram espetroscopia ótica de 120 estrelas Be candidatas nas nuvens de Magalhães para estudar as suas propriedades espectrais. Da mesma forma, muitos outros inquéritos foram realizados tanto no ótico (por exemplo, Klement et al. (2019); Arcos et al. (2017); Koubsky et al. (2012); Banerjee et al. (2000); Hanuschik (1986); Dachs et al. (1986); Andrillat & Fehrenbach (1982), etc.) como no infravermelho próximo (Granada et al, 2011; Mennickent et al., 2009; Steele & Clark, 2001; Clark & Steele, 2000) para caraterizar estrelas Be. Estudos espectroscópicos de estrelas Be individuais também foram realizados por diferentes autores, como Levenhagen et al. (2020), Mennickent et al. (2018), Smith et al. (2017), Paul et al. (2017), Bhat et al. (2016), Koubsky et al. (2004) e Peton (1972).

O nosso presente trabalho analisa as principais linhas de emissão presentes numa amostra de 118 estrelas Be do campo galáctico. Estas estrelas são bem estudadas e têm uma quantidade considerável de informação disponível na literatura. No entanto, não existe na literatura uma análise espetral exaustiva de todas as linhas de emissão presentes nos espectros ópticos de uma amostra de mais de 100 estrelas do campo Be. O nosso presente estudo fornece uma compreensão colectiva sobre a natureza das linhas de emissão observadas nos espectros de 118 estrelas Be, na gama de comprimentos de onda de 3800 - 9000 A. A análise dos espectros incorporando os dados de distância e extinção fornecidos pelo catálogo Gaia DR2 é útil para compreender as propriedades desta grande amostra de estrelas Be.

3.3 OBSERVAÇÕES E DADOS UTILIZADOS PARA A ANÁLISE

3.3.1 Espectroscopia ótica

Como discutido na Secção 2.3, as observações espectroscópicas das estrelas Be foram realizadas com o instrumento HFOSC montado no HCT de 2 m localizado no IAO, Ladakh. Durante dezembro de 2007 a janeiro de 2009 observámos 118 estrelas Be seleccionadas do catálogo de Jaschek & Egret (1982). O registo das observações é apresentado na Tabela 3.1.

3.3.2 Dados do *Gaia* DR2

Como discutido na Secção 2.6, utilizámos os novos dados disponíveis *do Gaia* DR2 para reestimar o parâmetro de extinção para as estrelas do nosso programa. A análise das linhas espectrais considerando os dados do Gaia DR2 acrescentou mais significado ao nosso estudo.

3.4 RESULTADOS E DISCUSSÃO

No presente estudo, analisámos as linhas de emissão de diferentes espécies encontradas nos espectros de 118 estrelas Be do campo galáctico. É visto na literatura que 16 das 118 estrelas do nosso programa são gigantes. Entre estas 16, 12 pertencem à classe de luminosidade III, uma estrela é da classe II-III, outra da classe III-IV, enquanto outras duas são da classe II (gigantes brilhantes). Descobrimos também que 12 outras estrelas são da classe IV e outras 4 estrelas pertencem à classe IV-V. Da mesma forma, uma estrela da nossa amostra, bet Mon A (HD 45725), é considerada uma estrela de concha. Para o nosso presente estudo, incluímos todas estas candidatas pertencentes a diferentes classes de luminosidade. A caraterização das estrelas do programa de acordo com os seus tipos espectrais é feita e é apresentada na Sect. 3.4.1. A Sect. 3.4.2 apresenta os valores de extinção reestimados para as estrelas da amostra utilizando os novos dados disponíveis do *Gaia* DR2. Uma breve descrição das características espectrais proeminentes observadas nestas estrelas é apresentada na Sect. 3.4.3. As Secções. 3.4.4 a 3.4.11 apresentam o estudo de todas as principais características espectrais observadas na emissão para as estrelas do programa. Em seguida, na Sect. 3.4.12, discutimos os resultados do estudo do decremento de Balmer das estrelas da amostra obtidas por nós. Em seguida, uma análise comparativa com estudos espectroscópicos de alta resolução anteriores de estrelas Be é realizada na Sect. 3.4.13. Finalmente, a Sect. 3.5 destaca os principais resultados deste estudo.

Tabela 3.1: Lista das estrelas Be do nosso programa e o registo das observações.

SIMBAD ID	Apelido	V mag	Tipo de espaço	Data da ob. dd/mm/aaaa	Exposição tempo (s)
AS 1	BD+62 11	9.6	B5V	03-12-2007	120
				02-12-2008	240
AS 105	BD+37 1292	9.2	B3Vpe	12-01-2008	300
AS 52	BD+61 371	11	B3IIep	26-02-2008	360

BD-05 1318	V1230 Ori	9.7	B8IV-Ve	01-12-2008	180
BD+10 2133	BD+10 2133	10.5	Ser	28-12-2007	200
BD+55 81	BD+55 81	10	B1.5Vnne	03-12-2007	120
				02-12-2008	300
BD+59 334	BD+59 334	10.6	B0Ve	16-12-2008	300
BD+60 307	BD+60 307	10.5	B2Ve	16-12-2008	300
BD+60 368	ALS 6797	10.5	B1IIIe	16-12-2008	300
BD+62 287	BD+62 287	9.1	B8Ve	16-12-2008	240
BD+62 292	BD+62 292	10.6	B1ep	16-12-2008	300
BD+62 300	BD+62 300	9.9	B1Vep	16-12-2008	180
CD-22 4761	CD-22 4761	10.2	B0:nne	22-12-2008	300
HD 10516	Phi Per	4.1	B2V/BIV	16-12-2007	5
				03-12-2008	2
HD 109387	Kappa Dra	3.9	B6IIIpe	04-01-2009	120
HD 12302	BD+58 356	8.1	B1V	27-12-2007	240
HD 12856	BD+56 429	8.6	B0	26-02-2008	60
HD 12882	V782 Cas	7.6	B2.5III:[n]e+	06-01-2009	60
HD 13051	V351 Por	8.6	B1IV	06-01-2009	120
HD 13429	BD+54 483	9.2	B3V	06-01-2009	240

SIMBAD ID	Apelido	V mag	Tipo de espaço	Data da ob. dd/mm/aaaa	Tempo de exposição (s)
HD 144	10 Cas	5.6	B9III	02-12-2007	15
				06-01-2009	10
HD 15238	V529 Cas	8.5	B5V	11-01-2008	120
HD 18552	HR 894	6.1	B8V	27-12-2007	10
HD 18877	BD+59 589	8.4	B7II-III	27-12-2007	120
HD 19243	V801 Cas	6.5	B1V	27-12-2007	10
HD 20017	BD+48 870	7.9	B5V	27-12-2007	120
HD 20134	BD+59 625	7.5	B2.5IV-V	27-12-2007	60
HD 20336	Câmara BK	4.7	B2,5V	27-12-2007	5
HD 20340	BD-17 631	7.9	B3V	27-12-2007	120
HD 21212	BD+61 587	8.3	B2V	27-12-2007	120
HD 21455	HR 1047	6.2	B6V	27-12-2007	10
HD 21641	BD+47 846	6.8	B9V	27-12-2007	30
HD 218393	KX E	7	Bpe	03-12-2008	60
HD 22780	HR 1113	5.5	B7V	20-12-2008	120
HD 232590	BD+54 448	8.6	B1.5III	27-12-2007	120
HD 23302	17 Tau	3.7	B6III	20-12-2008	5
				05-01-2009	2
HD 23552	HR 1160	6.2	B8V	05-01-2009	10
HD 23630	Eta Tau	2.9	B7III	20-12-2008	5

				05-01-2009	3
HD 236935	BD+57 469	9.4	B1Vne	26-02-2008	240
HD 236940	BD+55 489	9.6	B1Ve	04-01-2009	240
HD 237056	BD+57 681	8.9	B0.5ep	27-12-2007	240

SIMBAD ID	Apelido	V mag	Tipo de espaço	Data da ob. dd/mm/aaaa	Exposição tempo (s)
HD 237060	BD+58 554	9.2	B9Ve	27-12-2007	240
HD 237091	BD+59 612	8.9	B1Vnnep	27-12-2007	240
HD 237118	BD+59 632	9.4	B6Vc	27-12-2007	240
HD 237134	BD+59 647	9.5	B5Ve	27-12-2007	240
HD 23862	28 Tau	5	B8IV	20-12-2008	20
				05-01-2009	10
HD 244894	BD+27 797	10.1	B1III-IVpe	01-12-2008	180
HD 249695	BD+30 1071	9.2	B1Vnnep	04-01-2009	180
HD 251726	BD+19 1210	9.3	B1Ve	12-01-2008	300
HD 25487	RW Tau	8.2	B8V	01-12-2008	120
HD 25940	c Per	4	B3V	20-12-2008	60
HD 259431	BD+10 1172	8.7	B6ep	20-12-2008	120
HD 259597	MWC 149	8.6	B0.5Vnne	06-01-2009	120
HD 259631	MWC 810	9.6	B5	06-01-2009	240
HD 277707	MWC 484	10.4	Bpe	06-01-2009	300
HD 2789	BD+66 35	8.4	B3V	03-12-2007	80
				02-12-2008	180
HD 29441	V1150 Tau	7.6	B2,5V	20-12-2008	120
HD 29866	HR 1500	6.1	B8IV	20-12-2008	60
HD 33328	lam Eri	4.3	B2IV	06-01-2009	10
HD 33357	SX Aur	8.6	B1V	06-01-2009	240
HD 33461	V415 Aur	7.8	B2V	06-01-2009	60
HD 35345	BD+35 1095	8.4	B1V	01-12-2008	60
HD 36012	V1372 Ori	7.2	B5V	01-12-2008	60

SIMBAD ID	Apelido	V mag	Tipo de espaço	Data da ob. dd/mm/aaaa	Tempo de exposição (s)
HD 36376	V1374 Ori	7.5	B8	01-12-2008	60
HD 36576	120 Tau	5.7	B2IV-V	01-12-2008	2
HD 37115	BD-05 1330	7.2	B6V	01-12-2008	30
HD 37657	V434 Aur	7.3	B3V	12-01-2008	300
HD 37806	BD-02 1344	7.9	A0	02-12-2008	30
HD 37967	V731 Tau	6.2	B2.5V	12-01-2008	10
HD 38010	V1165 Tau	6.8	B1V	12-01-2008	10
HD 38708	V438 Aur	8.1	B3	02-12-2008	120

HD 4180	Omi Cas	4.5	B5III	03-12-2007	5
				03-12-2008	2
HD 45542	Nu Gem	4.1	B6III	05-01-2009	10
HD 45626	BD-04 1534	9.3	B7	02-12-2008	180
HD 45725	aposta Mon A	4.6	B3V	06-01-2009	20
HD 45726	aposta Mon B	5.4	B2	06-01-2009	20
HD 45901	V725 Seg	8.9	B2Ve	06-01-2009	120
HD 45910	AX Mon	6.7	B2IIIpshev	06-01-2009	10
HD 46131	BD-22 1434	7.1	B4V	02-12-2008	60
HD 47359	BD+05 1340	8.9	B0,5Vpe	02-12-2008	120
HD 49330	V739 Seg	8.9	B0nnep	27-12-2007	120
HD 50658	BD+46 1203	5.9	B8IIIe	02-12-2008	5
HD 50696	BD+00 1691	8.9	B1e	02-12-2008	120
HD 50820	HR 2577	6.3	B3IVe	01-12-2008	10
HD 50868	V744 Seg	7.9	B2Vne	26-02-2008	60
HD 51193	V746 Seg	8.1	B1Vnn	26-02-2008	120

SIMBAD ID	Apelido	V mag	Tipo de espaço	Data da ob. dd/mm/aaaa	Tempo de exposição (s)
HD 51354	QY Gem	7.2	B3ne	02-12-2008	60
HD 51480	V644 Seg	6.9	Macaco	01-12-2008	30
HD 53085	V749 Seg	7.2	B8e	12-01-2008	300
HD 53367	BD-10 1848	7	B0IVe	05-01-2009	60
HD 53416	BD+14 1558	6.8	B8IVe	01-12-2008	10
HD 5394	Gama Cas	2.4	B0.5IV	02-12-2007	15
				26-02-2008	0.5
				03-12-2008	0.5
HD 55439	BD-09 1905	8.6	B2Ve	01-12-2008	120
HD 55606	BD-01 1603	9	B1Vnnpe	01-12-2008	120
HD 55806	BD+03 1613	9.1	B9esh	11-01-2008	180
				26-02-2008	60
HD 58050	Gema OT	6.5	B2Ve	11-01-2008	10
HD 58343	FW CMa	5.2	B3IVe	11-01-2008	5
HD 60260	BD-11 1994	9	B5e	11-01-2008	120
HD 60855	V378 Cachorro	5.7	B2Ve	11-01-2008	5
HD 61205	BD-12 2062	9.6	AOIV	22-12-2008	180
HD 61224	HR 2932	6.5	B8/B9IV	22-12-2008	90
HD 62367	BD-04 2062	7.1		B922-12-2008	90
HD 65079	BT CMi	7.8	B2Ve	04-01-2009	90
HD 698	BD+57 28	7.1	B5II	03-12-2007	60
				02-12-2008	30
HD 72043	BD-10 2546	8.8	B8e	04-01-2009	120

SIMBAD ID	Apelido	V mag	Tipo de espaço	Data da ob. dd/mm/aaaa	Tempo de exposição (s)
HD 89884	BD-17 3133	7.1	B5III	04-01-2009	90
HR 2142	HD 41335	5.3	B2V	02-12-2008	15
MWC 28	BD+57 515	9.8	B2pe	06-01-2009	240
MWC 3	BD+59 2829	9.9	B0IVnep	02-12-2007	100
				06-01-2009	120
MWC 5	BD+61 39	8.9	B0.5IV	03-12-2007	70
				02-12-2008	120
MWC 500	BD+35 1169	9.4	B1Vpe	01-12-2008	200
MWC 566	BD-11 2043	9.6	B	22-12-2008	120
MWC 667	BD+62 1	10.5	B2IV-Vpe	03-12-2007	120
				02-12-2008	240
				06-01-2009	420
MWC 669	BD+63 48	9.3	B1IIInne	03-12-2007	180
				02-12-2008	300
MWC 672	BD+61 122	10.4	B2Vpe	03-12-2007	120
				02-12-2008	180
MWC 677	MWC 677	10.7	B2Vep	03-12-2007	150
				03-12-2008	300
MWC 678	MWC 678	9.9	B2Vnnep	03-12-2007	120
				03-12-2008	240
V615 Cas	LS I +61 303	10.8	B0Ve	04-01-2009	180

3.4.1 Distribuição do tipo espetral das estrelas Be da nossa amostra

Em geral, as estrelas Be pertencem aos tipos espectrais O9 a A3. Slettebak (1982) descobriu que a distribuição de 183 estrelas da sua amostra atingia o pico do tipo espetral B2. Ao estudar 94 estrelas Be em 34 aglomerados abertos, Mermilliod (1982) relatou que a distribuição atingia o pico nos tipos espectrais B1-B2 e B7-B8. Posteriormente, Mathew et al. (2008) também descobriram que a distribuição na sua amostra atinge picos nos tipos espectrais B1-B2 e B6-B7. Num estudo separado, Jones et al. (2011) observaram que ~ 25% das 58 estrelas Be do seu programa pertenciam ao tipo espetral B2, uma tendência semelhante à observada também por Porter (1996) (Fig. 1). Em seguida, Arcos et al. (2017) observaram uma distribuição bi- modal em ~ 30% da sua amostra de 63 estrelas.

A razão para tal distribuição bimodal observada nos tipos espectrais de estrelas Be é ainda uma questão em aberto. Mermilliod (1982) suspeitava que apenas a rotação rápida não poderia explicar tal distribuição. Em vez disso, ele afirmou que a distribuição observada pode ser explicada se condições atmosféricas especiais estiverem a funcionar em dois intervalos de temperatura restritos, influenciados pela pressão de radiação e picos na opacidade.

Para caraterizar as estrelas do nosso programa, começámos por verificar a distribuição do tipo espetral na nossa amostra. Não nos foi possível obter melhores estimativas do tipo espetral a partir dos nossos dados, uma vez que a nossa resolução espetral é inferior à de vários estudos anteriores efectuados por outros autores. Por isso, adoptámos o tipo espetral para cada estrela da literatura (apresentado na Tabela 3.1). Verificámos que a distribuição das estrelas do nosso programa também atinge um pico nos tipos espectrais B1-B2 e novamente B7-B8, em boa concordância com estudos anteriores.

A Fig. 3.1 mostra o histograma de incidência de estrelas Be na nossa amostra. Entre as nossas 118 estrelas, 26 (~ 22%) pertencem ao tipo espetral B2 e 12 estrelas pertencem ao tipo espetral B8. Assim, a observação de uma tendência tão semelhante tanto no campo como no aglomerado de estrelas Be

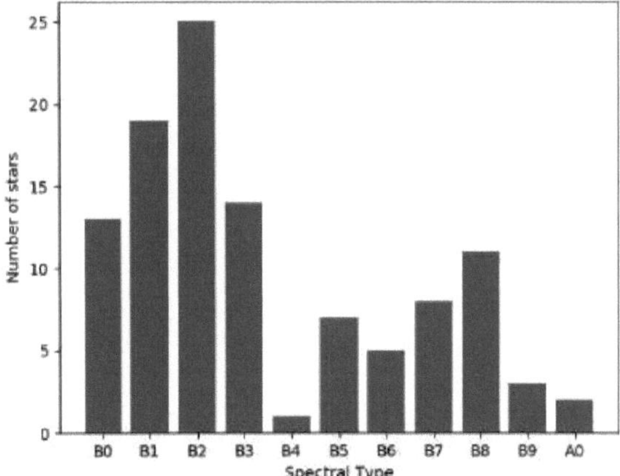

Figura 3.1: Histograma mostrando a incidência de estrelas Be na nossa amostra. É claramente visível que a distribuição das estrelas do nosso programa também atinge um pico nos tipos espectrais B1-B2 e novamente B7-B8, em boa concordância com estudos anteriores.

por vários autores é interessante e pode ser real. Assim, sugerimos que sejam efectuadas mais investigações para compreender a razão por detrás desta distribuição bimodal observada nos tipos espectrais de estrelas Be.

3.4.2 Re-estimação do parâmetro de extinção utilizando o *Gaia* DR2

Antes de entrarmos nos estudos das linhas espectrais, caracterizámos as estrelas da nossa amostra utilizando os novos dados disponíveis do *Gaia* DR2. Descobrimos que 83 das nossas 118 estrelas têm valores de paralaxe no *Gaia* DR2. A distância (em parsec) para estas 83 estrelas é adoptada de Bailer-Jones et al. (2018). A distância obtida para essas 83 estrelas é apresentada na Tabela 3.2.

A Tabela 3.2 apresenta a distância determinada para estrelas individuais com um limite superior e inferior de erro. A tabela mostra que os intervalos de distância

Tabela 3.2: A nossa distância adoptada (em parsec) para 83 das estrelas da nossa amostra cujos valores de paralaxe estão disponíveis no *Gaia* DR2 (apresentados nas colunas 2 e 6) e os seus valores A_V reestimados são apresentados nas colunas 3 e 7. Os erros associados à distância adoptada e aos valores de A_V reestimados são também apresentados. Os A_V obtidos da literatura são apresentados nas colunas 4 e 8 para as respectivas estrelas.

Nome	Distância (pc)	A_V mag	A_V (literatura)	Nome	Distância (pc)	A_V mag	A_V (literatura)
AS 1	$1990-137^{+158}$	0 ±0	1.2[a]	HD 259597	$1220-115^{+141}$	1.7 ±0	1[c]
AS 105	$1110-71^{+81}$	0.1 ±0	0.8[a]	HD 259631	$1405-90^{+102}$	1.9 ±0	0.6[a]
AS 52	$3575-401^{+511}$	0 ±0	2.1[a]	HD 277707	$2161-302^{+413}$	2.7 ±0.2	1.5[c]
BD+10 2133	$1215-85^{+99}$	0.6 ±0.1	0[b]	HD 2789	$494-9^{+9}$	0.9 ±0	1.8[a]
BD+55 81	$2169-170^{+201}$	1.1 ±0	0.9[c]	HD 29441	$737-35^{+39}$	0.3 ±0	0.6[a]
BD+58 356	$946-33^{+36}$	1.3 ±0.1	1.4[a]	HD 29866	$217-3^{+3}$	0.4 ±0.1	0.5[b]
BD+59 334	$2413-158^{+181}$	2.6 ±0	0.9[a]	HD 33357	$1444-111^{+131}$	0.9 ±0	0.7[a]
BD+60 307	$2730-300^{+380}$	0.2 ±0	2.1[a]	HD 33461	$1055-66^{+76}$	0 ±0	1.3[a]
BD+60 368	$3085-265^{+318}$	1.1 ±0.05	2.4[a]	HD 35345	$1168-78^{+89}$	1.1 ±0	1.1[a]
BD+61 587	$1083-44^{+47}$	0.3 ±0.3	2.4[a]	HD 37657	$749-42^{+47}$	0 ±0	0.6[a]
BD+62 287	$686-19^{+20}$	0.1 ±0	1.3[a]	HD 37806	$423-10^{+10}$	0 ±0	0.3[e]
BD+62 292	$3216-319^{+395}$	1.1 ±0	2.2[a]	HD 37967	$302-6^{+7}$	0.2 ±0.1	0.6[b]
BD+62 300	$2655-199^{+233}$	0.9 ±0.06	1.8[a]	HD 38708	$1191-80^{+93}$	0 ±0	0.5[a]
BD-05 1318	$429-11^{+12}$	4.6 ±0.1	1.3[c]	HD 45626	$1657-122^{+142}$	0 ±0	0.6[a]
CD-22 4761	$3622-380^{+477}$	1.3 ±0	2.2[c]	HD 45901	$2209-201^{+245}$	0.2 ±0	1.6[a]
HD 12882	$921-29^{+31}$	0 ±0	1.5[c]	HD 45910	$1086-51^{+57}$	0 ±0	1.4[a]
HD 13051	$2391-273^{+350}$	0.2 ±0.02	1.2[a]	HD 47359	$1922-186^{+229}$	1.1 ±0.1	1.6[a]
HD 13429	$1109-55^{+61}$	0.1 ±0	0.9[a]	HD 49330	$1536-104^{+121}$	2 ±0	1.6[a]
HD 15238	$639-15^{+15}$	0.5 ±0	1.7[a]	HD 50696	$1255-100^{+118}$	0.1 ±0	0.7[a]
HD 18552	$226-6^{+6}$	0.3 ±0.1	0.2[a]	HD 51193	$1571-177^{+227}$	0.2 ±0.04	0.9[a]
HD 18877	$459-9^{+9}$	0.5 ±0	0.8[a]	HD 51480	$1301-133^{+167}$	0 ±0	1.4[c]
HD 19243	$928-129^{+178}$	0.2 ±0.02	1.3[b]	HD 53367	$130-12^{+15}$	5.3 ±0.1	1.9[a]
HD 20017	$909-44^{+48}$	0 ±0	1.3[a]	HD 55439	$1285-119^{+145}$	0.3 ±0.1	0.9[c]
HD 20134	$609-16^{+17}$	0 ±0	0.9[a]	HD 55606	$1090-43^{+46}$	2.5 ±0	0.7[a]
HD 21455	$169-2^{+1}$	0.5 ±0.1	0.5[a]	HD 55806	$885-38^{+42}$	0.2 ±0	0.6[a]
HD 21641	$174-2^{+2}$	0.8 ±0.1	0.2[a]	HD 60855	$483-23^{+26}$	0 ±0	0.3[a]
HD 218393	$785-19^{+20}$	0 ±0	1.6[c]	HD 61205	$665-38^{+43}$	0 ±0	0.4[b]
HD 22780	$214-6^{+7}$	0 ±0.1	0.2[f]	HD 61224	$497-12^{+13}$	0 ±0	0.3[c]
Nome	**Distância (pc)**	**A_V mag**	**A_V (literatura)**	**Nome**	**Distância (pc)**	**A_V mag**	**A_V (literatura)**
HD 232590	$791-22^{+23}$	0±0	0.7[a]	HD 65079	$793-41^{+46}$	0±0	0.1[a]
HD 23552	$261-4^{+4}$	0±0	0.4[a]	HD 698	$770-32^{+35}$	0±0	0.9[a]
HD 236935	$2460-195^{+231}$	0.5 ±0.03	1.7[a]	HD 72043	$1051-66^{+75}$	0.4 ±0	0.1[a]
HD 236940	$1928-149^{+176}$	0.1 ±0	1.1[a]	HR 2142	$467-33^{+38}$	0±0	0.5[a]
HD 237056	$975-42^{+46}$	2.5 ±0	2.5[a]	MWC 28	$2412-228^{+280}$	0±0	1.4[a]
HD 237060	$637-12^{+12}$	0±0	1.2[a]	MWC 3	$2530-196^{+230}$	1.8 ±0	1.9[a]
HD 237118	$647-15^{+16}$	0.8 ±0.06	0.9[a]	MWC 5	$2750-245^{+296}$	0.3 ±0	1.3[a]
HD 237134	$671-19^{+20}$	0.6 ±0	1.7[a]	MWC 500	$1657-109^{+126}$	1.3 ±0	2[a]
HD 244894	$1973-149^{+175}$	1.7 ±0.08	1.8[a]	MWC 566	$3430-429^{+559}$	1 ±0	1[c]
HD 249695	$1398-132^{+162}$	1.5 ±0	1[a]	MWC 667	$2893-210^{+245}$	0.2 ±0.02	1.7[a]
HD 251726	$2360-237^{+295}$	0.9 ±0.2	2.2[d]	MWC 672	$2942-218^{+255}$	0.3 ±0.02	1.4[a]
HD 25487	$303-7^{+8}$	0.9 ±0	0.6[a]	MWC 677	$2797-285^{+355}$	0.2 ±0.01	2.3[a]
HD 259431	$711-23^{+24}$	0±0	1.3[a]	MWC 678	$3418-372^{+469}$	0±0	1.6[a]
V615 Cas	$2445-214^{+258}$	2.8 ±±0	3.1[c]	-	-	-	-

[a]Zhang et al. (2005);[b] Stevens et al. (2017);[c] Gontcharov (2012);[d] Chen et al. (2016);[e] Varga et al. (2018);[f] Swihart et al. (2017) entre 130 - 3430 pc. De acordo com a nossa estimativa, HD 53367 (130 pc) é a estrela mais próxima da nossa amostra, enquanto BD-11 2043 (3430 pc) é a mais distante. HD 21455 tem o erro

mínimo em distância, $169^{+}_{-2}{}^{1}$ pc.
Em seguida, reestimámos o parâmetro de extinção, i.e. A_V para essas estrelas utilizando a distância adoptada. O termo "extinção" em astronomia refere-se à absorção e dispersão da radiação electromagnética por gás e poeira entre qualquer objeto celeste emissor e o observador. Para qualquer observador baseado na Terra, a extinção surge tanto do meio interestelar (ISM) como da atmosfera da Terra. Além disso, pode também ter origem na poeira circunstelar presente em torno de um objeto observado.
Para estrelas localizadas perto do plano galáctico e a alguns milhares de parsecs da Terra, o valor da extinção na banda visual de frequências (sistema fotométrico) é de cerca de 1,8 magnitudes por kiloparsec (kpc) (200, 2003). Na vizinhança solar, a taxa de extinção interestelar na banda V de Johnson-Cousins (filtro visual), calculada em média para um comprimento de onda de 5400 A, é geralmente considerada como 0,7-1,0 mag/kpc (Gottlieb & Upson, 1969; Milne & Aller, 1980). Isto é simplesmente uma média devido à aglomeração da poeira interestelar. Isto significa que o brilho de uma estrela parecerá ter diminuído cerca de um fator de 2 na banda V por cada kpc (3.260 anos-luz) de distância de nós, quando vista de um bom ponto de observação nocturna na Terra.
Consequentemente, é necessário eliminar este efeito de extinção da luz estelar real, retendo assim a informação estelar real para análise posterior. A extinção que ocorre devido à poeira é quantificada pelo parâmetro de extinção (A_V) em astronomia. É de notar que este parâmetro A_V depende tanto do comprimento de onda como da distância. Os comprimentos de onda mais longos da radiação (como a cor azul) são mais absorvidos do que a radiação proveniente de comprimentos de onda mais curtos (como a cor vermelha). Do mesmo modo, qualquer objeto sofrerá normalmente uma maior extinção se estiver situado mais longe do que qualquer outro objeto.
A reestimação de A_V é efectuada utilizando a seguinte relação de módulo de distância:

$$m_V - M_V = 5\log_{10} d - 5 + A_V \quad (3.1)$$

onde m_V e M_V são as magnitudes aparente e absoluta de uma estrela, d é a sua distância em parsec e A_V é a extinção interestelar associada a essa estrela. O módulo de distância é uma forma de exprimir distâncias que é habitualmente utilizada em astronomia. A expressão 'm_V-M_V' na Eq. 2.1 é conhecida como 'módulo de distância' e é uma medida da distância a qualquer objeto. Um objeto com um valor de módulo de distância de 0 está situado exatamente a 10 parsecs de distância. Assim, se o valor do módulo de distância for negativo, isso implica que o objeto está mais próximo do que 10 parsecs. Além disso, significa que a magnitude aparente desse objeto é mais brilhante do que a sua magnitude absoluta.
A magnitude aparente observada (mV) para as estrelas do nosso programa está listada na Tabela 3.1. A magnitude absoluta (MV) é adoptada de Pecaut & Mamajek

(2013) utilizando o tipo espetral do objeto obtido da literatura. Usando esses valores de mV, MV e distância na relação do módulo de distância, a extinção A_V é calculada para 83 estrelas. A A_V obtida por este método é a soma da extinção interestelar e da emissão circunstelar do respetivo disco de estrelas Be.

A extinção reestimada (A_V) para 83 estrelas é apresentada nas Colunas 3 e 7 da Tabela 3.2. Para os restantes 35 casos, adoptámos o respetivo valor de A_V da literatura. A Tabela 3.3 apresenta o valor de A_V para esses 35 casos. Verificámos que o valor de A_y para as nossas estrelas varia maioritariamente (em 48 casos, " 58%) entre 0 - 0,4. Para outras 13 das 83 estrelas, A_V varia entre 0,4 - 1,0, enquanto A_y é > 1,0 nos restantes 22 casos.

Em seguida, usámos mapas de poeira interestelar para verificar a contribuição da componente de extinção interestelar para as estrelas da nossa amostra. Os mapas de extinção de poeira de Green et al. (2019) são usados para estimar a componente de extinção interestelar das nossas estrelas Be. Descobrimos que, na maioria dos casos, A_y determinado por esse método corresponde à nossa estimativa fotométrica. Isso sugere que não há contribuição apreciável para A_y do disco circunstelar, ou seja, a contribuição do componente de emissão circunstelar é muito menor. No entanto, para ~ 40% dos casos, o valor de A_y estimado através da fotometria é maior (0,2 - 0,4 mag) do que os obtidos a partir do mapa de poeira. Isto implica que a componente circunstelar é mais proeminente nesses casos do que a componente interestelar correspondente.

Por isso, sugerimos que A_y é de grande importância e deve ser levado em conta para a análise das propriedades da estrela Be. Os valores de A_y estimados neste estudo são utilizados para a correção da extinção na análise do decréscimo de Balmer

Tabela 3.3: Lista de 35 estrelas do nosso programa para as quais os valores de A_V são adoptados da literatura. Zhang et al. (2005) obtiveram A_V > 1,0 para 4 estrelas que estão marcadas a negrito aqui.

Nome	A_V	Nome	A_V
HD 10516	0.5 [3]	HD 45542	0.1 [3]
HD 109387	0.1 [4]	HD 45725	0.2 [2]
HD 12856	1.6 [3]	HD 45726	0.2 [2]
HD 144	0.3 [1]	HD 46131	0.03 [2]
HD 20336	0.3 [4]	HD 50658	0.2 [3]
HD 20340	0.2 [3]	**HD 50820**	2.1 [3]
HD 23302	0.2 [4]	HD 50868	0.2 [3]
HD 23630	0.1 [1]	HD 51354	0.2 [3]
HD 237091	2.8 [3]	HD 53085	0.03 3
HD 23862	0.2 [3]	HD 53416	0.02 [3]
HD 25940	0.5 [3]	HD 5394	0.7 [3]
HD 33328	0.1 [3]	HD 58050	0.1 [3]
HD 36012	0.3 [2]	HD 58343	0.4 4
HD 36376	0.6 [3]	HD 60260	0.3 3

HD 36576	0.6 [2]	HD 62367	0 [4]
HD 37115	0.1 [3]	HD 89884	0.1 [4]
HD 38010	0.8 [3]	**MWC 669**	3.1 [3]
HD 4180	0.3 3	-	-

1Swihart et al. (2017);[2] Chen et al. (2016); 3Zhang et al. (2005); [4]Gontcharov (2012)

em estrelas Be (discutido na Sect. 3.4.12).

3.4.2.1 Estrelas com valor A_V igual ou superior a 2,5

A partir da Tabela 3.2, também é visível que o valor de A_V para 7 das 83 estrelas é maior ou igual a 2,5. A estrela HD 53367 apresenta A_V = 5,3, que é a maior A_V obtida para qualquer estrela do nosso programa. Vieira et al. (2003) reportaram esta estrela como sendo uma estrela Herbig Ae/Be. Uma estrela Herbig Ae/Be é uma estrela pré-sequência principal de massa intermédia (2-8 *M.)* que possui um disco gasoso, que é rodeado por um envelope exterior poeirento (Waters & Waelkens, 1998). Analisando a literatura, descobrimos que duas outras estrelas, V1230 Ori (BD-05 1318) mostrando A_V = 4,6 e LS I +61 303 (V615 Cas) exibindo A_V = 2,8 também foram identificadas como uma fonte variável de raios-X e rádio (Kounkel et al., 2017) e um binário de raios-X de alta massa (Baumgartner et al., 2013), respetivamente. Como resultado, removemos estas três estrelas (HD 53367, V1230 Ori e LS I +61 303) de qualquer outra análise. Isto reduziu o tamanho da nossa amostra para 115 estrelas para estudo posterior.

As restantes quatro estrelas (HD 277707, BD+59 334, HD 55606 e HD 237056) com A_y > 2,5 são estrelas Be conhecidas. Entre elas, HD 277707 com A_V = 2,7 foi classificada como uma candidata à Fase de Transição (TP) num estudo recente de Bhattacharyya et al. (2021). Os autores identificaram 98 dessas candidatas TP, que são provavelmente estrelas raras em transição da fase PMS para a fase MS. Nessas estrelas, espera-se que o disco possa ainda conter poeira, tal como se verifica nas estrelas PMS. Outra estrela, HD 55606 (com A_y = 2,5) foi detectada como sendo um sistema binário contendo uma estrela Be primária e uma companheira sdO (sub anã do tipo O) por Chojnowski et al. (2018). As estrelas subanãs OB (sdOB) têm temperaturas muito altas, como 50000 K (Klement et al., 2019). Sendo mais quentes do que as estrelas Be, Klement et al. (2019) sugeriram que a radiação das suas companheiras sdOB pode aquecer a região exterior do disco da estrela Be primária. Portanto, a interação com a estrela Be primária no caso de um sistema Be + sdO não é antinatural.

A estrela BD+59 334 com A_V = 2,6 é um objeto comparativamente menos estudado. Foi identificada pela primeira vez como uma estrela Be por Jaschek & Egret (1982). Mais tarde, esta estrela foi listada nos catálogos de estrelas de emissão *Ha* de Kohoutek & Wehmeyer (1997) e Kohoutek & Wehmeyer (1999). Um estudo separado efectuado por Bodensteiner et al. (2020) não encontrou quaisquer sinais de binaridade para BD+59 334. A estrela restante HD 237056, exibindo A_V = 2,5, foi identificada pela primeira vez como uma estrela de linha de emissão no estudo de Merrill & Burwell (1949). Mais tarde, foi listada no catálogo de estrelas Be por Jaschek & Egret (1982). Nenhuma assinatura de binaridade foi detectada para esta estrela por autores como Bo- densteiner et al. (2020) e Mennickent et al. (2016). Assim, o nosso estudo indica que o valor de A_y > 2,5 para as duas estrelas acima referidas, BD+59 334 e HD 237056, é interessante e necessita de mais investigações. A natureza da provável candidata a TP HD 277707 e o sistema Be+sdO HD 55606 também requerem mais estudos.

3.4.3 Principais linhas de emissão identificadas nas estrelas do programa

Esta secção descreve todas as principais linhas de emissão observadas nos espectros de 115 estrelas do campo Be cobrindo toda a gama de comprimentos de onda de 3800 - 9000 A. De acordo com o melhor do nosso conhecimento, este é o primeiro estudo onde espectros quase simultâneos cobrindo toda a gama espetral de 3800 - 9000 A foram estudados para mais de 100 estrelas do campo Be. A relação sinal-ruído (SNR) média dos espectros de cada estrela Be usada neste estudo é superior a 100.

Todas as estrelas Be usadas no presente estudo são identificadas com base na sua emissão *Ha*, conforme catalogado em Jaschek & Egret (1982). Como esperado, *Ha* é a caraterística espetral mais proeminente vista por nós na nossa amostra. A maioria das estrelas da nossa amostra exibe emissão *Ha* (99%; 114 estrelas), embora o perfil *Ha varie* em diferentes casos. Apenas uma destas 115 estrelas, HD 60855, apresenta *Ha* em absorção. No entanto, esta é uma estrela Be bem conhecida e tem uma quantidade considerável de literatura disponível que detectou linhas de Balmer em emissão nos seus espectros (e.g. Abt & Cardona 1983; Merrill & Burwell 1943). Por isso incluímos esta estrela para estudo posterior. Para além de *Ha*, as linhas *Hв* e *HY* também estão presentes na emissão na maioria das estrelas do programa.

Para além das linhas Balmer, as linhas de emissão da série Paschen também são visíveis em " 40% dos casos. As linhas de Paschen para as estrelas do nosso programa são geralmente visíveis de P11/P12 até P21/P22 em alguns casos. Além disso, também detectámos várias linhas de emissão de outros metais, tais como FeII e OI. As linhas de emissão do FeII (pertencentes a diferentes séries de multipletos) juntamente com as características de emissão do OI 7772, 8446 A são visíveis num número considerável de estrelas. É interessante notar que, nalguns casos, foram também observadas linhas de emissão raras do tripleto CaiI (8498-8542-8662 A), HeI 5876, 6678, 7065, SiII 6347, 6371 e MgII 7877, 7896 A. A Fig. 3.2 mostra um espetro representativo da estrela Be HD 55606.

3.4.4 Linhas de hidrogénio da série Balmer

Numa estrela Be, linhas de emissão de recombinação tais como *Ha* são formadas no disco circunstelar. A forma dos perfis de emissão é explicada como uma dependência do ângulo de inclinação (*i*) do eixo de rotação da estrela em relação à linha de visão do observador (Hanuschik et al., 1996). Por exemplo, o perfil de pico único sugere que a estrela é vista no pólo ($i = 0°$), perfis de concha são observados quando o disco é visto ao longo do equador (i = 90°) e perfis de pico duplo ocorrem em ângulos de inclinação média (Porter & Rivinius, 2003; Catanzaro, 2013).

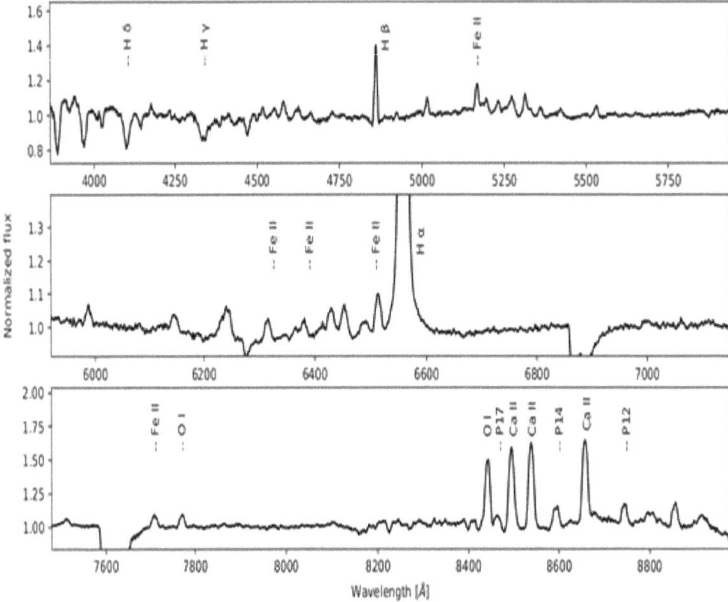

Figura 3.2: Espectro representativo da estrela Be HD 55606 mostrando diferentes características espectrais na gama de comprimentos de onda de 3800 - 9000 A.

Hanuschik (1988) classificou os perfis *Ha* para estrelas Be em quatro categorias. Estas são: (i) perfil de *classe 1* com emissão simétrica de pico duplo (V/R = 1), (ii) perfil de *classe 2* mostrando emissão assimétrica de pico único, (iii) perfil de *concha* onde o reverso central é visto como sendo mais profundo do que o nível do continuum, (iv) perfil *abs* quando não há emissão acima do nível do continuum. Com base nos perfis *Ha* observados na nossa amostra, fomos capazes de classificar as estrelas do programa em seis categorias. Estas são: absorção (abreviado *ab*), emissão-em-absorção (abreviado *eia*), emissão no núcleo (abreviado *ce*), emissão de pico único (abreviado *spe*), emissão de pico duplo (abreviado *dpe*) e absorção em emissão (abreviado *ae*).

A maioria da nossa amostra (" 60%; 64 estrelas) tem *Ha* em emissão normal, de pico único. Embora devido à nossa baixa resolução, alguns casos em que o perfil aparece como um único pico podem ser de pico duplo se a resolução for maior. O perfil *Ha* está em emissão de pico duplo em 5 estrelas, emissão no núcleo em 12 estrelas e absorção na emissão em 3 casos. Outras 10 estrelas mostram emissão em perfil de absorção, enquanto as restantes 20 estrelas são emissoras fracas com *Ha* EW < -5.0 A. Uma vez que as estrelas Be com emissão *Ha de pico único* são bastante comuns na nossa amostra, não discutimos cada uma delas em pormenor. A largura equivalente (EW) da linha de emissão Ha nas nossas estrelas observadas varia entre -0,5 e -72,7 A , onde o sinal negativo sugere que *Ha* está em emissão. Existe um erro de ± 10% na medição da EW. A estrela BD-11 2043 possui o valor mais alto de *Ha EW* de -72,7 A, enquanto HD 61205 mostra o mínimo *Ha* EW de - 0,5 A.

Uma vez que ocorre o preenchimento das linhas de absorção da fotosfera, a inspeção visual não é fiável para discernir entre uma estrela que apresenta uma emissão fraca e outra que não apresenta qualquer emissão. Assim, calculámos primeiro a EW *Ha* para todas as estrelas do programa e depois medimos a componente de absorção na linha *Ha a* partir dos espectros sintéticos usando modelos de atmosferas estelares (Kurucz, 1993) para cada tipo espetral. A contribuição fotosférica da estrela subjacente é adicionada à componente de emissão para estimar a EW de *Ha* corrigida. A secção 2.5.4.1 descreve o processo que seguimos para medir a componente de absorção da linha *Ha*. Através deste processo, fomos capazes de identificar 20 estrelas que são emissoras fracas, mostrando *Ha* EW < -5.0 A.

As estrelas Be são conhecidas por apresentarem variabilidade nos perfis das linhas espectrais. O caso extremo de tal variabilidade é o desaparecimento da linha de emissão *Ha*, indicativa do estado sem disco em estrelas Be. O espetro será então semelhante ao de uma estrela do tipo B com linhas de absorção na fotosfera. Um exemplo bem estudado é o episódio sem disco de X Persei (Norton et al., 1991). Durante a nossa campanha de observação também identificámos uma estrela (HD 60855) que apresenta absorção *Ha*. As EW de *Ha* medidas e corrigidas para as estrelas da nossa amostra são apresentadas na Tabela 3.7, onde HD 60855 está assinalada a negrito. No entanto, para perceber se está a passar por um episódio sem disco, precisamos de verificar através dos perfis atmosféricos estelares, que é outro estudo que realizámos e está descrito no Capítulo 4. Uma amostra representativa dos perfis de linha *Ha* para as estrelas do programa é mostrada na Fig. 3.3.

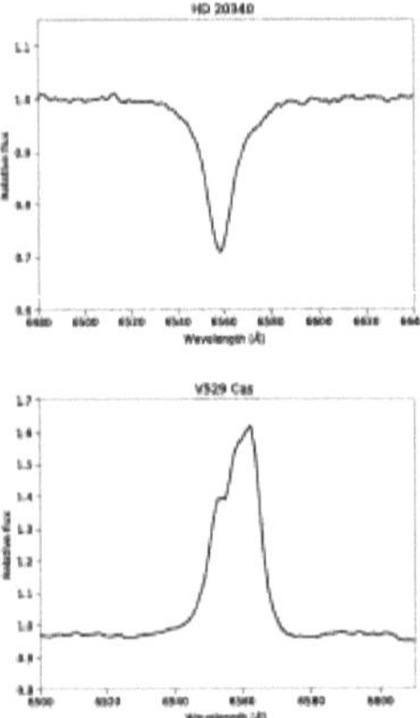

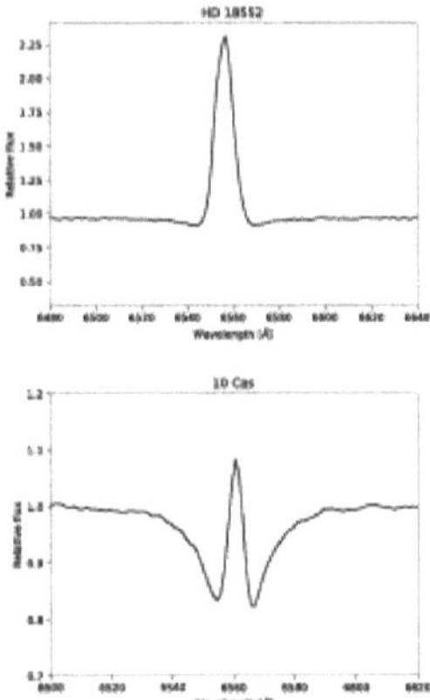

Figura 3.3: Perfis da linha *Ha* para as estrelas da nossa amostra HD 20340, HD 18552, V529 Cas e 10 Cas. Verifica-se que HD 20340 aparentemente mostra *Ha* em absorção, enquanto as outras 3 estrelas HD 18552, V529 Cas e 10 Cas mostram a linha *Ha* em emissão normal, emissão de duplo pico e emissão em absorção, respetivamente.

Entre 115 estrelas, 110 mostram a linha *Hв* em emissão ou emissão em absorção. *O* Hв está presente em absorção em 3 outros casos, após correção para a absorção estelar subjacente. Os espectros do Grism 7 não estão disponíveis para as estrelas bet Mon B e HD 58343, portanto não pudemos observar a linha *Hв* para elas. O EW da linha de emissão *Hв* das nossas estrelas varia entre -0,3 e -12,8 A. HD 23552 mostra o valor mais alto de *Hв* EW de -12,8 A, enquanto HD 20134 exibe o EW mínimo de *Hв* de -0,3 A. Duas estrelas, nomeadamente HD 45910 e HD 50820 mostram a natureza P-Cygni do perfil de emissão *Hв*.

No que diz respeito à linha *HY*, 98 estrelas mostram-na na emissão. O EW da linha de emissão HY para as estrelas do nosso programa varia entre -0,3 e -10,8 A. Tanto HD 23552 como HD 237060 possuem o valor mais alto de *HY EW* de -10,8 A, enquanto HD 37967, HD 47359 e BD+35 1169 mostram o *HY* EW mais baixo de -0,3 A.

3.4.4.1 Medição da componente de absorção para a linha *Ha*

Aqui, discutimos o método que foi seguido para estimar o valor da componente de absorção em *Ha* para cada tipo espetral:

- Inicialmente, medimos o EW da linha *Ha* para todas as nossas estrelas (apresentadas na Tabela 3.7), independentemente de estarem em emissão ou em absorção.
- Em seguida, identificámos os espectros sintéticos correspondentes a cada tipo espetral (B0 - A0) utilizando o modelo de Kurucz (Kurucz, 1993). Para este efeito, precisamos da temperatura efectiva da estrela Be (*Teff*), que é identificada a partir de Pecaut & Mamajek (2013) para cada tipo espetral. Também adoptámos o valor da metalicidade solar (Fe/H) = 0 (para a galáxia da Via Láctea) e o valor de log g

como 4,5 (para as estrelas da Sequência Principal).

- Em seguida, medimos a componente de absorção da linha *Ha a* partir dos espectros sintéticos para cada tipo espetral (B0 - A0). O EW de absorção é adicionado ao EW de emissão para obter o EW líquido da linha, uma vez que a linha de emissão aparece depois de preencher o canal de absorção.

A Fig. 3.4 apresenta os espectros estelares teóricos obtidos usando as esferas atómicas modelo de Kurucz (1993) para cada tipo espetral (B0 - A0). As medições de absorção EW são efectuadas utilizando estas linhas de Balmer. *Teff* é tomado como 31000K, 26000K, 21000K, 17000K, 16000K, 15000K, 14000K, 13000K, 12500K, 10750K e 9750K para os tipos B0, B1, B2, B3, B4, B5, B6, B7, B8, B9 e A0, respetivamente. A componente de absorção medida na linha *Ha* para os tipos espectrais B0 - A0 é apresentada na Tabela 3.4.

Tabela 3.4: Componente de absorção (em A) na linha *Ha* para os tipos espectrais B0 - A0. O símbolo *W_Л* denota o valor medido da componente de absorção (em A) em *Ha* para o respetivo tipo de espetro.

Tipo de esp.	*W_Л* (A)
B0V	3.9
B1V	3.9
B2V	4.7
B3V	5.6
B4V	5.9
B5V	6.4
B6V	6.9
B7V	7.5
B8V	7.9
B9V	12.2
A0V	12.3

3.4.4.2 Possível gama *Ha* EW para estrelas Be

Para verificar se existe alguma gama específica de valores de *Ha* EW para estrelas Be é necessário estudar uma amostra maior destas estrelas em diferentes ambientes (tais como campos e aglomerados). Por isso, começámos por consultar a literatura para verificar a gama de valores de *Ha* EW relatados por alguns importantes pesquisadores prévios.

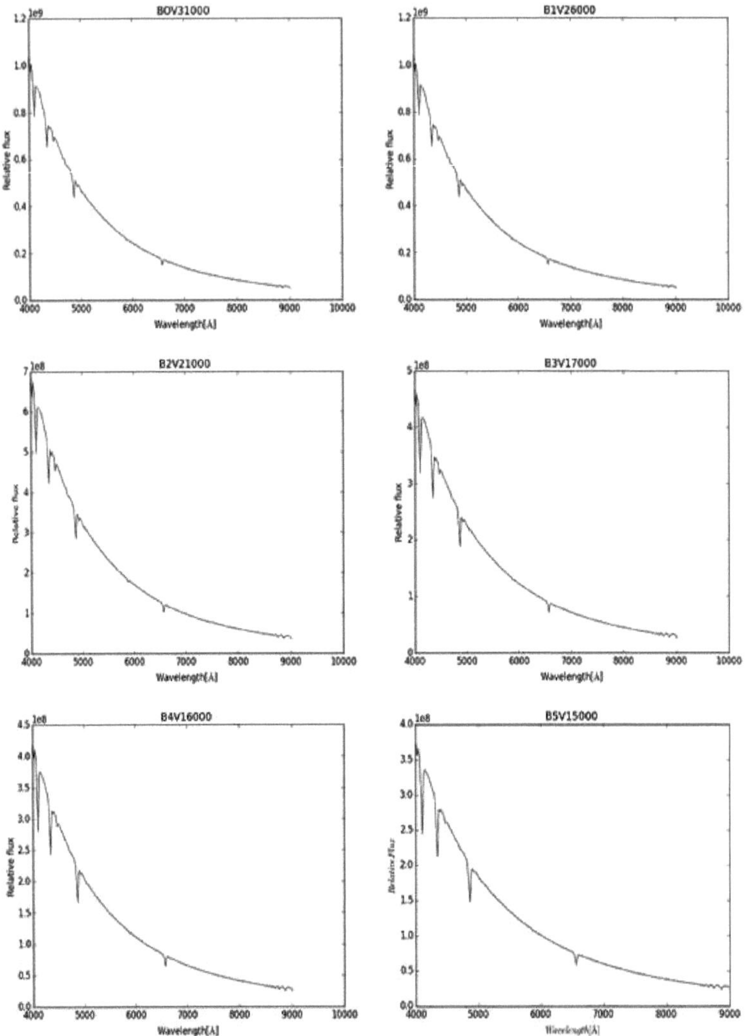
B0V31000
B1V26000
B2V21000
B3V17000
B4V16000
B5V15000
Relative flux
Wavelength[Å]

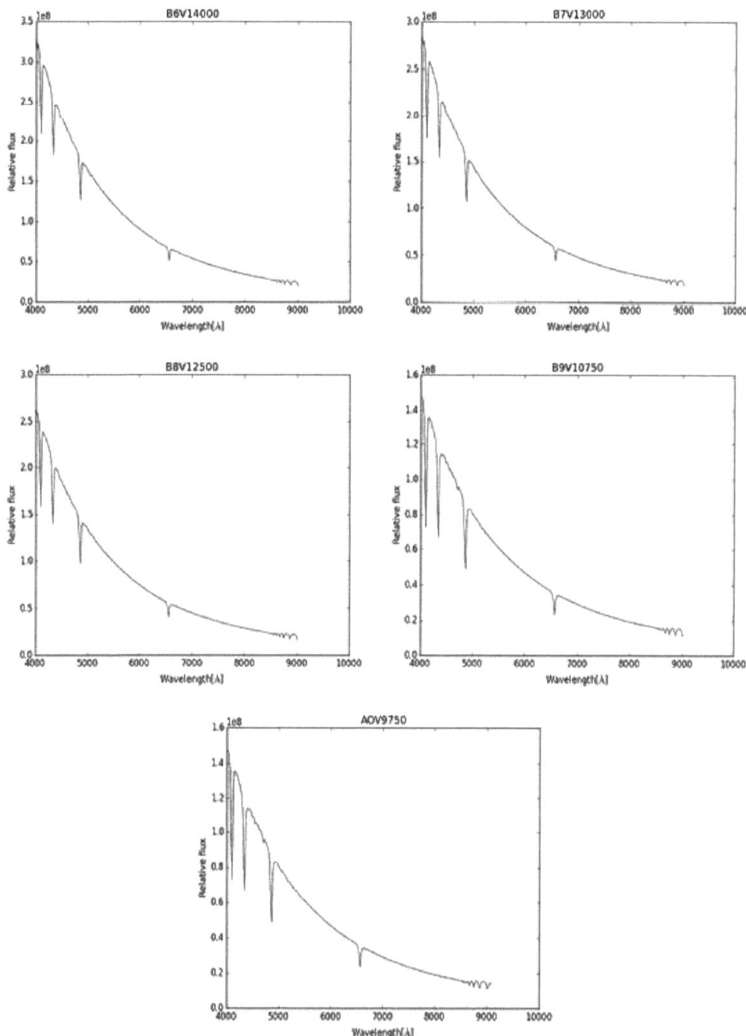

Figura 3.4: Espectros estelares teóricos obtidos usando atmosferas modelo de Kurucz (1993) para cada tipo espetral identificado adoptando o valor da metalicidade solar (Fe/H) = 0 (para a galáxia Via Láctea), log g = 4,5 (para estrelas da Sequência Principal) e *Teff* de Pecaut & Mamajek (2013). As medições de absorção EW são efectuadas utilizando estas linhas Balmer.

viçosos, tais como Barnsley & Steele (2013), Mathew & Subramaniam (2011), Slettebak et al. (1992), Hanuschik (1988) e Dachs et al. (1986, 1992). Estes trabalhos foram particularmente seleccionados para recolher amostras de estrelas Be de uma variedade de locais (como o hemisfério norte e sul) e ambientes (como campos e aglomerados) na Galáxia. Enquanto Barnsley & Steele (2013), Slettebak et al. (1992) e Hanuschik (1988) observaram 55, 41 e 26 estrelas Be do norte, respetivamente, Dachs et al. (1986, 1992) estudaram uma amostra de 55 e 37 estrelas Be do sul. Por outro lado, Mathew & Subramaniam (2011) apresentaram os resultados de um estudo de 150 estrelas Be de aglomerados.

A Fig. 3.5 mostra a distribuição de *Ha* EW para estrelas Be observadas por estes autores em comparação com a observada para as estrelas do nosso programa (corrigida para a absorção estelar subjacente). É claramente visível na figura que, para a nossa amostra, os valores de *Ha* EW são inferiores a -40 A para um número significativo de estrelas (~ 86%) com um pico algures perto de -20 A. O esquema de classificação que utilizámos aqui é a regra das raízes quadradas. Analisando os estudos anteriores, verificamos que os valores de *Ha EW* variam maioritariamente entre -5 e -40 A, com um pico perto de -20 A. Além disso, observámos no nosso estudo que um segundo pico aparece algures entre -35 e -40 A. É importante mencionar que o *Ha* EW é um parâmetro variável e, por isso, algumas diferenças observadas na Fig. 3.5 podem dever-se a este aspeto.

Noutro estudo recente, Kashyap Jagadeesh et al. (2023) observaram que a EW de Ha para 15 (~ 94%) das 16 estrelas Be identificadas em aglomerados com mais de 100 Myr é inferior a -40 A. Apenas uma estrela da sua amostra, 56920543, apresenta uma EW de Ha de -44,4 A. Entre estas 16 estrelas, a emissão de *Ha* com pico único é observada em 12 casos. Embora o tamanho da amostra de Kashyap Jagadeesh et al. (2023) seja menor em comparação com as estrelas Be de campo e de aglomerados jovens estudadas por nós e por Mathew & Subramaniam (2011), ainda assim a nossa com-

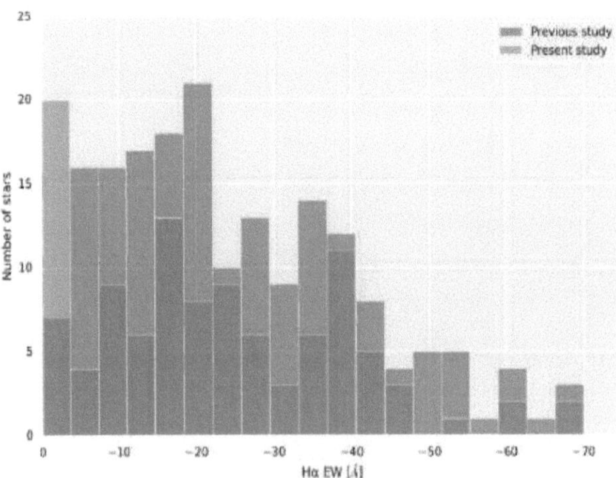

Figura 3.5: Distribuição da largura equivalente *Ha* das estrelas Be na nossa amostra em comparação com estudos anteriores seleccionados, tais como Barnsley & Steele (2013), Mathew & Subramaniam (2011), Slettebak et al. (1992), Hanuschik (1988) e Dachs et al. (1986, 1992).

O estudo comparativo destas estrelas em diferentes ambientes indica que o seu *Ha*

EW permanece geralmente dentro de -40 A.

Assim, a nossa análise comparativa considerando estrelas Be de diferentes ambientes (tais como campos e aglomerados de diferentes idades) indica que pode existir uma gama de valores de *Ha* EW no caso das estrelas Be. Descobrimos que os valores de *Ha* EW para estrelas Be são geralmente inferiores a -40 A, independentemente dos ambientes.

Sabe-se que as estrelas Herbig Ae/Be (HAeBe) formam outra categoria importante de estrelas de linhas de emissão. São estrelas da pré-sequência principal (PMS) onde a poeira está presente nos seus discos (Waters & Waelkens, 1998). No maior levantamento espetroscópico de estrelas HAeBe realizado até à data, Vioque et al. (2018) descobriram que mais de 92% das estrelas da sua amostra possuem *Ha* EW inferior a -100

A. Em geral, as estrelas HAeBe mostram maior EW de *Ha do* que as estrelas Be clássicas. No entanto, a EW de *Ha* também é maior que -100 A para algumas estrelas HAeBe. Valores tão elevados não são normalmente observados no caso de estrelas Be normais.

3.4.4.3 Distribuição de *Ha* EW em função dos tipos espectrais para estrelas Be

Kashyap Jagadeesh et al. (2023) relataram que para estrelas Be acima de 100 Myr, a faixa de *Ha* EW parece ser comparativamente menor do que aquelas com idade abaixo de 100 Myr. Assim, realizamos uma análise comparativa da distribuição deHa EW em relação aos tipos espectrais para estrelas Be em aglomerados abaixo e acima de 100 Myr. A Fig. 3.6 mostra este gráfico, onde as estrelas azuis representam estrelas Be de campo de Banerjee et al. (2021), a cruz verde e os círculos laranja representam estrelas Be de aglomerados jovens (de Mathew & Subramaniam 2011) e de aglomerados antigos (de Kashyap Jagadeesh et al. (2023)), respetivamente.

Verificámos na figura que os valores de *Ha* EW para estrelas Be em todos os locais são geralmente inferiores a -40 A, independentemente dos tipos espectrais. No entanto, observa-se que as estrelas Be de tipo inicial (dentro de B1 - B2) situadas em campos e aglomerados jovens têm *Ha* EW abrangendo quase toda a gama de -0,5 a -70 A. Também é visível que a gama global de *Ha* EW parece diminuir à medida que avançamos para tipos tardios. Esta tendência é seguida tanto por estrelas Be de campos como de aglomerados.

3.4.5 Série de linhas de hidrogénio de Paschen

Ao contrário das linhas de Balmer, as linhas de emissão da série de Paschen são uma área menos estudada na investigação de estrelas Be. Na região 7500 - 10000 A, as linhas de ordem superior da série Paschen são visíveis a partir de P9 ou P10, até P23. Entre estas, P14 é a linha que pode fornecer a medida EW mais exacta, uma vez que não está misturada com qualquer outra caraterística. Apenas uma

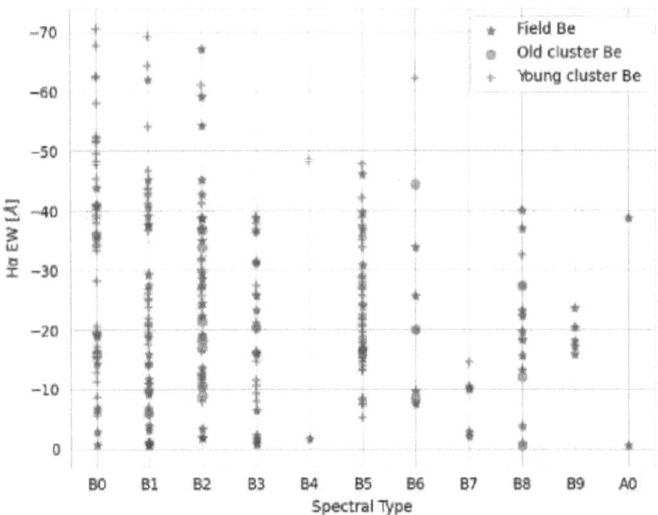

Figura 3.6: Distribuição de *Ha* EW contra os tipos espectrais para estrelas Be em aglomerados abaixo e acima de 100 Myr. Aqui, os pontos pretos representam estrelas Be abaixo de 100 Myr e os pontos vermelhos representam estrelas Be acima de 100 Myr, respetivamente.

existem poucos estudos dispersos sobre a ocorrência de linhas de Paschen proeminentes em estrelas Be.

Andrillat & Houziaux (1967) estudaram pela primeira vez as linhas de Paschen em estrelas Be e identificaram linhas de Paschen de P9 - P26 na sua amostra. Mathew et al. (2012b) discutiram as linhas de Paschen enquanto estudavam a linha OI 8446 A em 26 estrelas Be. Na nossa amostra, 46 (" 40%) estrelas mostram linhas de Paschen em emissão, enquanto que em 54 casos estão presentes em absorção. Destas 46, 39 estrelas pertencem a tipos espectrais anteriores a B5. Este facto está de acordo com Briot (1981), que observou que as linhas de emissão de Paschen são maioritariamente observadas em estrelas Be de tipo anterior. Adicionalmente, notámos que em 35 destas 46 estrelas, apenas as linhas de Paschen são visíveis na emissão, enquanto que em 11 casos tanto as linhas de Paschen como as linhas tripletas de CAII estão presentes na emissão. Os EWs medidos das linhas P12 - P19 (em A) para essas 35 estrelas que mostram apenas linhas de emissão de Paschen são apresentados na Tabela 3.5.

Briot (1981) observou que a intensidade de emissão das linhas de Paschen diminuiu gradualmente de P12 para o limite da série em todas as estrelas Be, independentemente do tipo espetral. Ao contrário de Briot (1981), nós também observámos uma tendência nas linhas de emissão de Paschen numa amostra maior de estrelas Be. No nosso estudo, esta tendência na distribuição da intensidade de emissão é utilizada para a separação dos componentes de emissão de Paschen das linhas de emissão do tripleto de CAII.

3.4.6 Linhas de emissão do tripleto de CAII

As linhas de emissão tripleto de CAII (8498 A, 8542 A, 8662 A) são linhas de baixa ionização que se formam numa região com temperatura *T*~ 5000 K (Poli- dan & Peters, 1976). Foi Hiltner (1947) quem primeiro identificou a emissão do tripleto de CAII nos espectros de estrelas Be. Sabe-se que os discos de estrelas Be são quentes por natureza, com a temperatura do disco variando entre 10.000 - 20.000K (Mathew et al., 2012a; Sigut & Jones, 2007). Por isso, não se espera que as linhas CAII sejam vistas na emissão de estrelas Be. Mas, curiosamente, as linhas de emissão tripleto de CAII são observadas ocasionalmente nos espectros de estrelas Be, que se tornam bastante proeminentes em alguns casos.

A fração de estrelas Be que apresentam emissão do tripleto de CAII permanece pouco clara até agora. Polidan & Peters (1976) e Shokry et al. (2018) encontraram o tripleto de CAII em " 20% das suas estrelas pesquisadas. Andrillat et al. (1988) observaram o tripleto de Cail em 11 das 40 estrelas da sua amostra (" 27%). Pelo contrário, Mathew & Subramaniam (2011) observaram a emissão do tripleto Call em " 60% da sua amostra de 150 estrelas Be do aglomerado. Surpreendentemente, embora Shokry et al. (2018) tenham observado o tripleto CAII na absorção em algumas das estrelas do seu programa, não se espera que sejam visíveis na absorção em estrelas Be, pois essas estrelas são muito quentes para formar linhas de absorção CAII. A Fig. 3.7 mostra o diagrama de Grotrian para

Tabela 3.5: EWs medidas das linhas P12 - P19 (em A) para 35 das estrelas do nosso programa que mostram apenas linhas de emissão de Paschen e nenhuma linha tripleta de CAII. A linha P18 é omitida aqui porque é frequentemente misturada com a linha OI 8446 A. O símbolo 'x' na tabela significa a ausência de medição, uma vez que as respectivas linhas não são detectadas na emissão para estas estrelas.

SIMBAD ID	P12 (8750 A)	P13 (8665 A)	P14 (8598 A)	P15 (8545 A)	P16 (8502 A)	P17 (8467 A)	P19 (8413 A)
120 Tau	-1.9	-2.0	-2.3	-2.7	-2.9	-2.1	-1.2
BD +60 307	x	x	x	x	x	-0.4	-0.3
BD-11 2043	-3.8	-4.5	-4.3	-5.1	-5.0	-2.9	-2.3
BD+57 515	-2.4	-2.1	-2.2	-2.9	-2.9	-2.1	-1.6
BD+61 122	-2.3	-2.1	-2.3	-2	-1.9	-1.6	-1.2
BD+61 39	-1.5	-1.4	-1.2	-1.3	-0.9	-1.0	-0.8
aposta Mon A	x	x	x	x	-2.7	x	x
CD-22 4761	-1.5	-1.1	-1.5	-1.8	-2.4	-1.3	-1.1
CR Cam	-4.4	-4.9	-4.2	-5.0	-5.1	-4.5	-3.3
HD 12856	-1.7	-2.3	-2.9	-2.9	-3.1	-1.5	-1.2
HD 19243	-1.6	-1.6	-2.2	-2.6	-3.1	-2.0	-1.9
HD 20336	-1.2	-1.5	-1.7	-2.2	-2.8	-1.1	-0.7
HD 23552	-1.9	-1.8	-2.2	-2.0	-2.2	-2.0	-1.4
HD 236940	-2.6	-2.2	-3.2	-3.9	-2.9	-2.4	-1.6
HD 244894	-1.5	-1.7	-1.7	-2.1	-2.3	-2.2	-1.5
HD 251726	-1.5	-1.6	-1.2	-1.9	-2.2	-1.6	-1.4

HD 259631	-1.9	-1.7	-1.6	-1.9	-2.4	-1.1	x
HD 277707	-1.4	-1.7	-2.0	-2.7	-2.4	-2.2	-1.3
HD 29441	-1.9	-2.1	-2.5	-2.5	-2.9	-1.5	-0.9
HD 35345	-4.4	-4.7	-4.4	-4.4	-4.3	-4.2	-3.6
HD 36012	x	x	-1.2	-1.4	-1.0	-1.0	-0.9
HD 36376	x	x	-1.9	-2.0	-2.0	-1.8	-1.3
HD 37657	-1.3	-1.2	-1.5	-1.8	-1.9	-1.4	-1.2
HD 45901	-1.1	-1.3	-1.2	-1.6	-1.7	-1.4	-1.1
HD 50696	-2.2	-2.1	-1.8	-2.1	-1.8	x	x

SIMBAD ID	P12 (8750 A)	P13 (8665 A)	P14 (8598 A)	P15 (8545 A)	P16 (8502 A)	P17 (8467 A)	P19 (8413 A)
HD 50868	-1.2	-1.2	-1.4	-1.8	-2.3	-1.2	-0.6
HD 51193	-0.5	-0.6	-0.6	-0.7	-0.9	-0.9	-0.8
HD 55439	x	x	-0.8	-0.9	-0.9	-0.8	-0.7
HD 58343	-0.9	-1.2	-1.1	-1.3	-1.4	-1.2	-1.4
HD 60260	-0.9	-1.2	-1.4	-1.2	-1.4	-1.1	-1.0
HD 65079	-1.3	-1.8	-1.9	-2.3	-2.2	-1.3	-0.9
HD 72043	x	x	x	-1.2	-0.9	-0.8	-0.7
kap Dra	x	x	x	-1.1	-1.4	-1.1	-1.1
MWC 677	-0.8	-1.0	-0.9	-1.3	-0.9	-1.1	-1.1
MWC 678	-1.6	-2.2	-2.5	-3.3	-3.2	-2.2	-1.8

Linhas de CaII.

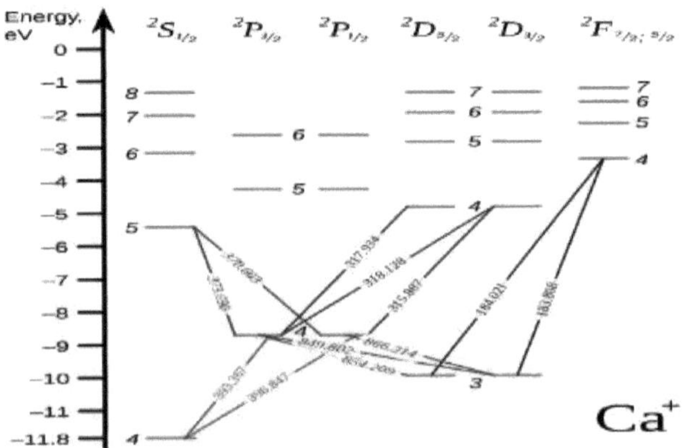

Figura 3.7: Diagrama Grotriano do cálcio mono-ionizado (i.e. CaII) (crédito:

https://commons.wikimedia.org)

Através do nosso presente estudo, avaliámos a percentagem de estrelas Be que apresentam emissão tripleto de CaII na nossa amostra. Para o efeito, foi necessário retirar a contribuição da linha de Paschen das linhas de emissão na região de comprimento de onda do tripleto de CaII. Este processo de depuração é explicado a seguir.

3.4.6.1 Extração da componente de emissão CaII a partir da caraterística de emissão mista CaII-Paschen

Descobrimos que apenas 17 das nossas 115 estrelas mostram linhas CaII na emissão. Isto corresponde a " 15%, o que está de acordo com resultados anteriores obtidos por Polidan & Peters (1976), Andrillat et al. (1988) e Shokry et al. (2018). Curiosamente, Briot (1981) não observou o tripleto de CaII na estrela *Y* Cas. Mas encontramos emissão CAII presente para esta estrela em nosso estudo, semelhante ao que foi observado por Koubsky et al. (2012).

No espetro de baixa resolução, semelhante ao nosso, as linhas de CAII 8498, 8542, 8662 A misturam-se frequentemente com as linhas de Paschen P16 (8502 A), P15 (8545 A) e P13 (8665 A), respetivamente. Assim, para identificar as linhas de Cail, é necessário remover a emissão de Paschen da intensidade de emissão líquida associada à região de comprimento de onda do tripleto de CAII. Pode notar-se quc, nos casos em que o tripleto de CAII está presente, as linhas de emissão em 8498, 8542 e 8662 A parecem ser mais intensas do que as linhas de Paschen adjacentes. A Fig. 3.8 explica esta tendência das linhas de Paschen observadas em 3 das estrelas do programa.

Para retirar a componente CAII, começámos por analisar as 35 estrelas do nosso programa que mostram apenas linhas de emissão de Paschen. Notamos que P14 é a linha mais intensa entre P12 - P19 que não é afetada por nenhuma outra caraterística. Destas 35 estrelas, 31 exibem P14 na emissão (visto na Tabela 3.5). Medimos o EW para P14 e as linhas adjacentes, como P12 - P17, para todos esses casos. Observa-se que a EW de P14 está a corresponder dentro de ~ 15% em relação às outras linhas. Por exemplo, para a estrela CR Cam (HD 21212), o EW de P12 é -4,4 A, enquanto os EWs de P14 e P17 são -4,2 e -4,5 A, respetivamente. Depois, analisámos os 11 casos em que a emissão do tripleto de CAII está misturada com as linhas de Paschen. Agora, para cada estrela, subtraímos o EW de P14 das linhas CAII misturadas. Este exercício é efectuado para retirar a componente Paschen da linha composta. Os EWs medidos

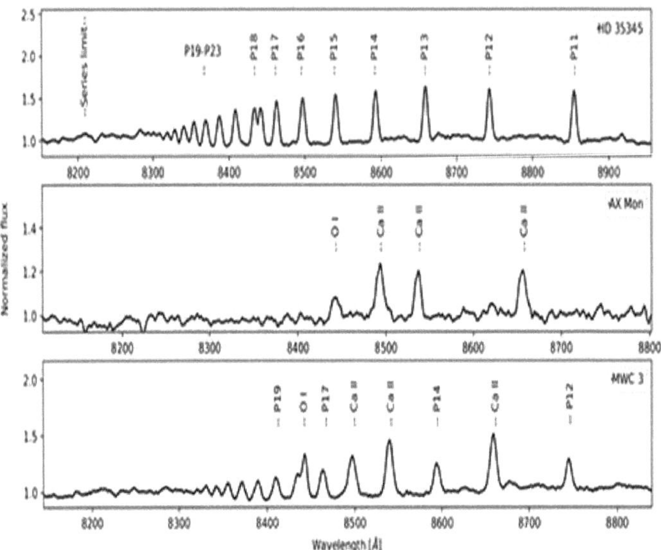

Figura 3.8: Espectros representativos de 3 estrelas Be do programa exibindo 3 casos, ou seja, a. apenas linhas de emissão de Paschen, b. apenas linhas de emissão de CaII, e c. ambas as linhas de emissão de Paschen e CaII. Para a estrela HD 35345, apenas as linhas de emissão Paschen de P11 são notadas na emissão. No segundo caso (AX Mon, i.e. HD 45910), apenas o tripleto de CaII é visível na emissão. No entanto, para a estrela MWC 3 (BD+59 2829), ambas as linhas CaII e Paschen estão presentes na emissão. Aqui, notamos que as linhas Caii 8498, 8542, 8662 A se misturaram com as linhas Paschen P16 (8502 A), P15 (8545 A) e P13 (8665 A), respetivamente. Observa-se que P14 não é afetada por qualquer outra caraterística. Além disso, é claramente visível que as linhas de emissão em 8498, 8542 e 8662 A parecem ser mais intensas do que as linhas de Paschen adjacentes.

das linhas P12 a P19 (em A) para todas as 17 estrelas do nosso programa que mostram linhas CaII ou ambas, CaII e Paschen, na emissão está listada na Tabela 3.6.

Usando a técnica acima, estimámos que o rácio de intensidade de emissão das linhas CaII 8498:8542:8662 A é de 1:1:1 para nove casos, o que é bastante diferente do valor teoricamente previsto de 1:9:5 (Osterbrock & Fer- land, 2006; Polidan & Peters, 1976). O rácio de intensidade de emissão teoricamente previsto 1:9:5 corresponde a um cenário opticamente fino, enquanto que um desvio deste valor considera a região formadora de linhas como opticamente espessa. Para dois outros casos (HD 38010 e HD 12882) este rácio corresponde a cerca de 1:2:1 e para a estrela gam Cas é de 1:4:3.

3.4.6.2 Região de formação da linha triplete de CaII: possibilidade de binaridade

No caso de objectos estelares jovens, suspeita-se que a emissão do tripleto CaII ocorre geralmente devido aos processos de acreção ou magnetismo (Moto'oka &

Itoh, 2013; Kwan & Fischer, 2011), ou uma combinação de ambos. Para variáveis cataclísmicas, Ivanova et al. (2004) sugeriram que a formação de CAII está mais confiantemente ligada à irradiação UV externa de um gás opticamente fino. Uma vez que não foram observados campos magnéticos de grande escala em estrelas Be, os fotões UV provenientes de choques de acreção tornam-se o mecanismo mais promissor para a formação do tripleto CAII. Mas, como a emissão CAII não é detectada em todas as estrelas Be, Shokry et al. (2018) afirmaram que o processo de auto-reacreção em estrelas Be a partir do disco viscoso pode ser insuficiente. Através desta linha de argumentação, chegaram à conclusão de que a binaridade é a única explicação possível.

Analisámos as linhas tripleto de CAII na nossa amostra através de uma abordagem diferente de deblending dos componentes de CAII dos seus homólogos de Paschen e detectámos os rácios de intensidade relativa das linhas tripleto. A nossa análise implica que o gás que dá origem à emissão CAII é opticamente espesso por natureza.

Tabela 3.6: EWs medidos das linhas P12 - P19 (em A) para 17 estrelas do programa que mostram linhas CAII ou ambas as linhas CAII triplet e Paschen na emissão. A linha P18 é omitida aqui porque é frequentemente misturada com a linha OI 8446 A. O símbolo 'x' na tabela significa a ausência de medição, uma vez que as respectivas linhas não são detectadas na emissão para estas estrelas.

SIMBAD ID	P12 (8750 A)	P13 (8665 A)	P14 (8598 A)	P15 (8545 A)	P16 (8502 A)	P17 (8467 A)	P19 (8413 A)
BD +10 2133	-1.9	-2.2	-1.5	-3.0	-3.1	-1.3	-1.4
BD +59 2829	-2.1	-4.3	-2.2	-4.5	-3.7	-2.2	-1.7
c Per	-0.4	-2.0	-0.7	-2.3	-1.9	-0.9	-1.1
gam Cas	-1.6	-2.1	-2.0	-3.1	-2.9	-1.8	-1.3
HD 12882	-0.7	-1.8	-1.1	-2.9	-3.0	-0.8	-0.8
HD 237118	x	-2.2	x	-3.1	-2.4	x	x
HD 259431	-2.6	-5.7	-2.1	-5.6	-4.9	-2.1	-1.7
HD 33461	x	-1.1	x	-0.9	-1.3	x	x
HD 37806	x	-0.9	x	-1.4	-1.6	x	x
HD 37967	-2.1	-2.9	-1.8	-3.2	-3.6	-2.4	-1.7
HD 38010	-2.7	-1.6	-2.8	-3.2	-2.9	-1.2	-1.2
HD 41335	-1.3	-4.3	-1.3	-5.4	-4.8	-1.4	-1.2
HD 45910	x	-2.1	x	-1.7	-2.9	x	x
HD 51480	-1.1	-2.4	-1.0	-1.9	-2.9	-0.8	x
HD 55606	-1.9	-7.6	-2.5	-8.9	-9.1	-1.2	x
HD 55806	x	-1.2	x	-1.9	-1.9	x	x
omi Cas	-0.6	-1.4	-1.0	-2	-1.9	-1.5	-1.5

Mas como foi mencionado anteriormente, as linhas de emissão CAII só podem ser produzidas numa região densa e fria (*T~5000K* ou mais) em torno de estrelas Be. Por isso, o nosso estudo indica duas regiões possíveis onde as linhas CAII se podem formar:

1. A região de formação da linha de emissão do tripleto de CAII pode estar no disco circumbinário das estrelas Be.

2. Os discos de estrelas Be podem não ser isotérmicos por natureza, pelo que as

regiões exteriores podem ser mais frias, onde a emissão CAII pode ter origem.
Para verificar a hipótese de binários, procurámos na literatura se alguma das nossas 17 estrelas com emissão CAII é ou não binária. Descobrimos que 5 das 17 são estrelas binárias. Duas delas, nomeadamente HD 55606 (Chojnowski et al., 2018) e HD 41335 (Schootemeijer et al., 2018), foram relatadas como sistemas binários contendo uma estrela Be primária e uma companheira sdO. HD 45910 é um sistema binário de interação conhecido (Koubsky et al., 2012, 2011), enquanto que gam Cas é também sugerido como sendo um sistema binário com um possível objeto compacto como companheiro (Smith et al., 2017). Pelo contrário, Borre et al. (2020) sugeriram que a emissão de raios-X no caso de gam Cas pode estar a vir da própria estrela Be, descartando assim o cenário de binaridade.
É de notar que a natureza do companheiro binário também deve ser considerada para testar a hipótese binária para a formação de emissões CAII em discos de estrelas Be. As estrelas OB subanãs (sdOB) possuem massas de ~ 1 *M.* e temperaturas de até 50000 K (Klement et al., 2019). Sendo mais quentes que as estrelas Be, Klement et al. (2019) sugeriram que a radiação de suas companheiras sdOB pode aquecer a região externa do disco da estrela Be primária. Portanto, é difícil criar uma região fria e densa de onde a emissão CAII possa se originar. Este argumento é válido para gam Cas também onde o companheiro binário é sugerido como sendo um objeto compacto (Smith et al., 2017).
Além disso, HD 45910 na nossa amostra mostra emissão CAII, enquanto HD 218393 não mostra qualquer emissão CAII, embora também seja conhecido por ser um sistema binário em interação (Koubsky et al., 2011). Além disso, Koubsky et al. (2012) salientaram que vários outros binários (RX Cas, CX Dra, в Lyr) na sua amostra também não apresentam qualquer emissão CAII. Também encontrámos algumas estrelas Be binárias conhecidas na nossa amostra que não apresentam emissão CAII, como kap Dra (Klement et al., 2022). Portanto, a possibilidade de origem binária para as linhas de emissão CAII não é apoiada pelos estudos acima.
De seguida, analisamos o cenário do disco não isotérmico. Assumindo que os discos das estrelas Be são constituídos apenas por hidrogénio, espera-se que a estrutura da temperatura do disco seja maioritariamente isotérmica, com a exceção de uma queda de temperatura que aparece na vizinhança da estrela central (Carciofi & Bjorkman, 2006, 2008). No entanto, a formação de linhas de emissão CAII na vizinhança da estrela central parece desfavorável, uma vez que as regiões próximas da estrela central serão muito mais quentes. Então a periferia exterior dos discos de estrelas Be permanece como outra opção. Poderá a periferia exterior de alguns discos de estrelas Be tornar-se mais fria, produzindo assim linhas de emissão CAII? Curiosamente, modelos que assumem processos de mistura química mais realistas indicam que a estrutura de temperatura dos discos de estrelas Be pode ser mais complexa (Jones et al., 2004; McGill et al., 2013). No entanto, vale a pena mencionar que não existe nenhum estudo até à data que possa fornecer pistas sobre

se ou como a periferia exterior dos discos de estrelas Be pode tornar-se não-isotérmica na natureza ou não. No entanto, o cenário de discos não isotérmicos parece ser promissor a partir de agora.

Infelizmente, uma vez que a análise das linhas Caii só foi possível para 17 das estrelas do nosso programa, é demasiado cedo para fornecer qualquer conclusão sobre a região de formação das linhas de emissão CAII. Gostaríamos de abordar esta questão analisando amostras maiores de estrelas Be, incluindo vários ambientes, tais como aglomerados e regiões de diferentes metalicidades.

3.4.6.3 Caso interessante do HD 50820

Apenas uma entre 115 estrelas, HD 50820, mostrou linhas triplas de Ca II em absorção quando a observámos em 1 de dezembro de 2008. A Fig. 3.9 mostra o espetro de HD 50820 exibindo linhas de Ca II em absorção.

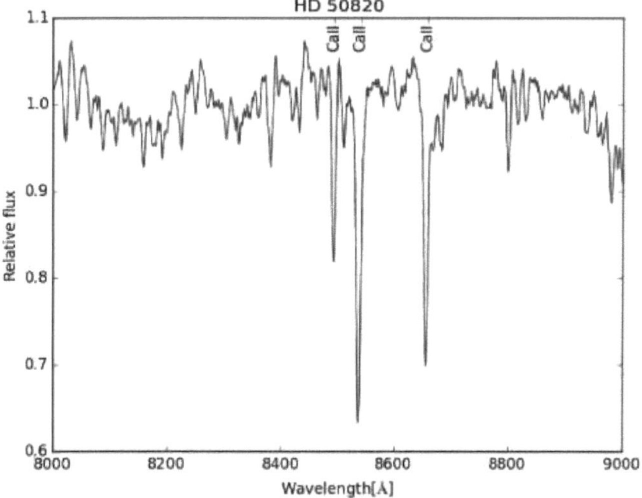

Figura 3.9: A estrela Be HD 50820 mostrando linhas triplas de Ca II em absorção.

Investigámos ainda a natureza da HD 50820, uma vez que as linhas de Ca II não são esperadas na absorção em estrelas Be. Pesquisando na literatura, descobrimos que Hendry (1982) detectou esta estrela como um sistema binário com tipos espectrais B3IVe+K2II. Mais tarde, Ginestet & Carquillat (2002) reportaram-na como sendo uma estrela binária com tipo espetral composto K4III++B1.5Ve. A parte vermelha do espetro é dominada pela estrela gigante vermelha companheira (Ginestet & Carquillat, 2002). Por isso, foi estabelecida como sendo uma estrela de espetro composto. De acordo com Ginestet et al. (1997), "chamaremos espectros compostos a todos aqueles que resultam da combinação dos espectros de uma anã quente de tipo inicial (tipo B ou A) e o de um objeto subgigante, gigante ou mesmo supergigante de tipo tardio (tipos G, K ou M)." Num estudo separado, Carquillat et al. (1997) demonstraram que as linhas de absorção de Ca II são produzidas na fotosfera das gigantes vermelhas.

3.4.7 Linhas de emissão FEII

Para além do hidrogénio e do cálcio, as linhas de emissão FEII são normalmente visíveis nos espectros das estrelas Be (Slettebak et al., 1992). Várias linhas FEII (pertencentes a diferentes séries de multipletos) foram detectadas em estrelas Be, sendo a linha 5169 A (multipleto no. 42) a mais forte (Hanuschik, 1987). Outras linhas de emissão FeII comummente observadas em estrelas Be são 4584 A (multipleto 38), 5317 A (49), 5198, 5235, 5276 A (49), 5284 A (41), 5363 A (48), 6516 A (40) e 7712 A (73) (Apparao, 1994; Mathew & Subramaniam, 2011). A Fig. 3.10 mostra o diagrama Grotriano para FEII.

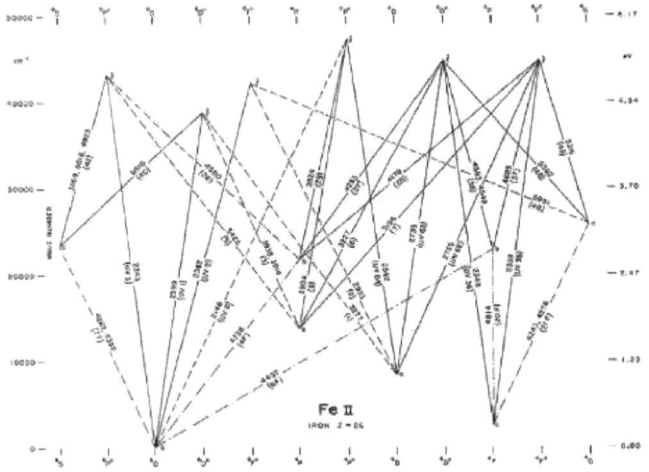

Figura 3.10: Diagrama de Grotrian para FeII (Figura adoptada de Moore & Merrill (1968))

Verifica-se que os estudos baseados nas linhas de emissão de Fe em estrelas Be são menos numerosos na literatura do que as linhas *Ha*. Esta menor atenção pode dever-se ao facto de as linhas de emissão de Fe serem bastante difíceis de detetar. No entanto, o primeiro estudo detalhado de alta resolução para as linhas de emissão FEII observadas em estrelas Be foi efectuado por Hanuschik (1987). Alguns estudos posteriores foram efectuados para compreender a região de formação da emissão FEII em estrelas Be (e.g. Hanuschik (1988); Jaschek et al. (1993); Arias et al. (2006)). Existem alguns outros estudos que se concentraram em compreender melhor a geometria e a cinemática dos envelopes de estrelas Be usando linhas de emissão FEII (por exemplo, Slettebak et al. (1992); Dachs et al. (1992); Hanuschik (1994); Tarafdar & Apparao (1994); Ballereau et al. (1995); Jones et al. (2004); Arias et al. (2006)).

Verificámos que 95 (" 83%) estrelas da nossa amostra apresentam linhas de emissão FeII nos seus espectros, em concordância com Mathew & Subramaniam (2011). No total, foram identificadas 43 linhas de emissão FEII diferentes, pertencentes a diferentes multipletos. Entre elas, 5169 A é a mais comum, presente na emissão de 37 estrelas. Outras linhas de emissão proeminentes observadas são 5317 A (36 estrelas), seguida de 5018 A (multipleto 42) presente em 24 estrelas, 5235 A (21 estrelas), 5276 A (21 estrelas), 6516 A (20 estrelas), 5363 A (19 estrelas), 5198 A (17 estrelas) e 4584 A (10 estrelas).

Verificámos que, comparativamente, foram realizados menos estudos para as linhas de emissão de FEII que pertencem à região para além de 7500 A, especialmente para a linha 7712 A. Na nossa amostra, 34 de 115 estrelas (" 30%) exibem a linha FeII 7712 A na emissão. Destas, 32 têm tipos espectrais anteriores a B6, em concordância com Ballereau et al. (1995) e Andrillat et al. (1988).

3.4.7.1 Correlação entre o poço 7712 A e a linha *Ha*

Hanuschik (1987) e Slettebak et al. (1992) observaram que em estrelas Be, a EW da intensidade de emissão da linha *Ha* está correlacionada com a das linhas FeII. Para verificar este facto, analisámos a EW da componente de emissão da linha *Ha* para todas as 34 estrelas do nosso programa em função da emissão FeII 7712 A. O resultado é mostrado na Fig. 3.11.

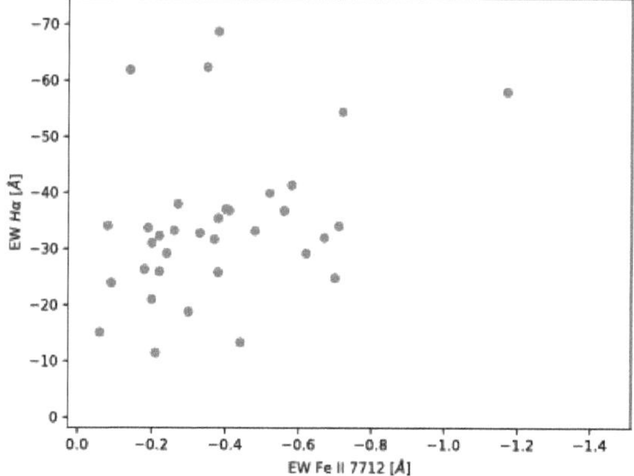

EW Fe II 7712 [Д]

Figura 3.11: EW medido da linha de emissão *Ha* traçado contra a linha de emissão FeII 7712 A para as estrelas do nosso programa. Embora não seja encontrada uma correlação substancial, é claramente visível que é necessário um EW mínimo de *Ha* (~ -10 A) para que a emissão de FEII 7712 A se torne visível.

Efectuámos o teste de correlação de Pearson e detectámos que o coeficiente de correlação é de 0,42, o que implica que o EW *de Ha* não está correlacionado com o da linha FeII 7712 A. Mas é claramente visível que é de facto necessário um mínimo de *Ha* EW para que a emissão de FEII 7712 A se torne visível. Encontrámos que este mínimo *Ha EW* para a nossa amostra é superior a ~ -10 A, embora 30 das nossas 34 estrelas que mostram emissão FeII 7712 A tenham *Ha* EW superior a -20 A. Entre estas 34 estrelas, HD 58343 mostra o mínimo EW devido ao qual fixámos o limite inferior para *Ha* EW em ~ -10 A. Estudando uma amostra de 17 estrelas Be a sul brilhantes, Hanuschik (1987) também suspeitou que um mínimo EW para *Ha* (superior a -7 A) é essencial para que as linhas FeII se tornem visíveis. Assim, o nosso estudo apoia fortemente os resultados de Hanuschik (1987).

3.4.7.2 Correlação entre as linhas de emissão de FeII 7712 A e Paschen

Na nossa amostra, 28 destas 34 estrelas que mostram FeII 7712 A em emissão também exibem linhas de emissão de Paschen. Três outras mostram linhas de Paschen na absorção (BD+61 371, c Per e HD 37115), enquanto que para as restantes três (HD 12302, HD 45910 e HD 237118) não são visíveis linhas de Paschen. Este resultado está de acordo com Andrillat et al. (1988) que notaram que sempre que FEII está em emissão (em 12 das suas estrelas do programa), as linhas de Paschen também são encontradas em emissão, exceto num caso (20 Vul - uma estrela B7) em que as linhas de Paschen estavam em absorção. Uma das estrelas do nosso programa, nomeadamente HD 37115, que mostra FEII em emissão e Paschen em absorção, é também do tipo B7.

3.4.7.3 Correlação entre a linha FEII 7712 A e a linha OI 7772 A

Verificámos que 28 das nossas 34 estrelas que apresentam a linha FEII 7712 A também apresentam a linha OI 7772 A em emissão. Este resultado não está de acordo com An- drillat et al. (1988) que notaram que sempre que FEII 7712 A está em emissão, OI 7772 A também é observado em emissão. Assim, à semelhança de Andrillat et al. (1988), podemos concluir que, em geral, tanto FEII 7712 A como OI 7772 A são ambas visíveis em emissão, mas não em todos os casos individuais. Investigámos então a nossa amostra de 29 estrelas que mostram linhas de emissão de FEII 7712 A e OI 7772 A para procurar qualquer possível correlação entre o EW medido destas duas linhas. A Fig. 3.12 mostra o nosso resultado. Efectuando o teste de correlação de Pearson, o coeficiente de correlação é de 0,29, o que implica que não existe correlação entre estas duas linhas.

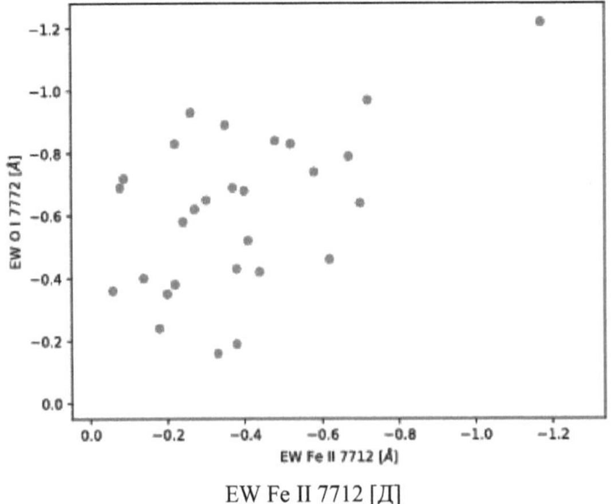

EW Fe II 7712 [Д]

Figura 3.12: EW medido da linha de emissão OI 7772 A plotado contra a linha de emissão FeII 7712 A para as estrelas do nosso programa. Não encontrámos nenhuma correlação substancial.

3.4.7.4 Possível mecanismo de excitação da linha FEII em estrelas Be

O mecanismo de excitação das linhas de emissão FEII em estrelas Be ainda não é compreendido. A intensidade prevista para as linhas de emissão FEII provenientes de Núcleos Galácticos Activos (AGNs) foi calculada por Wills et al. (1985) utilizando modelos sofisticados. Eles descobriram que, na realidade, as linhas FEII são muito mais fortes (por um fator de ~ 4) do que o previsto pelos modelos. Johansson & Jordan (1984) discutiram sobre as linhas FEII presentes na região do UV que são mais susceptíveis de serem excitadas pelo processo de fluorescência de *Lya*. Mais tarde, Penston (1987) sugeriu que a fluorescência de *Lya* pode ser o mecanismo dominante na excitação de linhas de emissão FeII em AGNs.

Posteriormente, um estudo teórico de Sigut & Pradhan (1998) demonstrou que a fluorescência de *Lya* desempenha o papel mais importante na excitação das linhas FeII em AGNs. Sugeriram que o processo de fluorescência de *Lya* contribui mesmo para uma emissão significativa de FEII na região do infravermelho próximo, isto é, dentro de 8500

- 9500 A, para além de aumentar os fluxos UV e ópticos de FEII. Curiosamente, o mesmo estudo também confirmou a presença de uma forte caraterística desconhecida em 9218 A nos espectros de quasares como a assinatura espetral do processo de fluorescência de *Lya* que está ativo na excitação de linhas FEII em AGNs. Esta caraterística foi atribuída a MGII por Morris & Ward (1989) que também notaram a mesma caraterística em espectros de quasares.

Os espectros das estrelas do nosso programa estão na gama de comprimentos de onda de 3800 - 9000 A. Assim, não tivemos a opção de estudar os espectros UV das nossas estrelas. Além disso, no nosso caso a sensibilidade do CCD diminui depois de ~ 9000 A, o que nos impede de confirmar a presença de qualquer linha em 9218 A como proposto por Sigut & Pradhan (1998). Isto levou-nos a concentrar a nossa atenção nalguma linha proeminente na região 7500 - 8500 A que está disponível para nós. Johansson (1977) identificou várias linhas FEII na região 7500 - 11300 A nos espectros da estrela Eta Carinae (*n* Car), que é uma famosa estrela de linhas de emissão do tipo O (Stephenson & Sanduleak, 1971). Mais tarde, Penston (1987) sugeriu procurar linhas FEII na região 7500 - 11300 A para demonstrar que a fluorescência *Lya* está ativa em discos de estrelas Be. Uma dessas linhas proeminentes pode ser a linha 7712 A, que não apresenta qualquer tipo de mistura com qualquer outra caraterística espetral ou linhas telúricas atmosféricas.

Detectámos que 34 das 115 estrelas do nosso programa exibem a linha FEII 7712 A na emissão. Curiosamente, notamos que comparativamente menos estudos foram realizados para as linhas de emissão FEII que pertencem à região além de 7500 A. Como uma tentativa de verificar se esta linha pode fornecer alguma pista sobre o mecanismo de excitação da linha FEII em estrelas Be, realizamos alguns estudos de correlação entre várias características de linha e a linha FeII *Л* 7712, que foram discutidos nas Seções. 3.4.7.1 a 3.4.7.3. No entanto, não fomos capazes de fornecer quaisquer resultados conclusivos.

Assim, sugerimos uma investigação mais aprofundada das estrelas Be, considerando espectros simultâneos no regime UV-ótico-próximo do infravermelho, para compreender se a fluorescência Lya está ativa nos discos das estrelas Be e se é ou não o possível mecanismo de excitação das linhas de emissão FEII nestas estrelas.

3.4.8 Linhas de emissão OI

Tal como as linhas Balmer, Paschen e FeII, a linha OI 8446 A é outra linha comum observada em estrelas Be, maioritariamente em emissão e raramente em absorção. Esta linha é comparativamente mais estudada do que a sua homóloga OI 7772-4-5 A tripleto, outra caraterística da linha OI frequentemente encontrada em estrelas Be. A linha OI 8446 A mistura-se com a linha P18, sempre que ambas são vistas em emissão (Mathew et al., 2012b). Kitchin & Meadows (1970) observaram uma forte correlação entre as linhas *Ha* e OI 8446 A EW, que foi posteriormente apoiada pelo estudo de Andrillat et al. (1988).

Verifica-se que a linha OI 8446 A é cerca de 4 vezes mais forte do que a linha OI 7772 A. Bowen (1947) propôs pela primeira vez que o processo de fluorescência *Lyman-в* (*Lyв*) pode ser o possível mecanismo de excitação da linha OI 8446 A em estrelas Be. Mais tarde, Mathew et al. (2012b) identificaram de facto a fluorescência de *Lyв como* o principal mecanismo de excitação da linha OI 8446 A em estrelas Be. Mathew et al. (2012b) também concluíram que a emissão OI tem origem em regiões relativamente internas (tamanho médio de 0,71 ± 0,27 do tamanho da região de emissão *Ha*) do envelope, ou seja, regiões com maior densidade.

A linha OI 8446 A está presente na emissão em 66 (" 57%) das estrelas do nosso programa. Entre elas, 42 estrelas mostram ambas as linhas OI 8446 A e OI 7772 A na emissão. As linhas de Paschen estão ausentes em 24 destas 66 estrelas. Como a linha Oi 8446 A se mistura com a linha P18 da série de Paschen, a medição do EW da linha Oi 8446 A torna-se difícil se as linhas de Paschen estiverem presentes. Entre as 24 estrelas onde as linhas de Paschen não estão presentes, HD 12302 tem o maior valor de EW de Oi 8446 A (-3,9 A).

A linha Oi 7772 A, a contraparte da OI 8446 A , também é observada em estrelas Be. Jaschek et al. (1993) determinaram que o raio externo do envelope que produz a linha Oi 7772 A é de 1,78 ± 0,82 raios estelares. A excitação por colisão é considerada como o fator que contribui para a formação desta linha Oi 7772 A em vez da fluorescência de *Lyв*. Andrillat et al. (1988) descobriram que o OI 7772 A é visto em emissão principalmente em estrelas Be com tipos espectrais anteriores a B2.5, enquanto que estrelas posteriores a B2.5 mostram-no principalmente em absorção. Mais tarde, Jaschek et al. (1993) descobriram que o Oi 7772 A está sempre presente em emissão em estrelas Be.

Na nossa amostra, a linha OI 7772 A é vista em emissão em 44 (" 38%) estrelas, enquanto 34 estrelas a mostram em absorção. Este resultado não está de acordo com Jaschek et al. (1993) que observaram que Oi 7772 A está sempre presente em emissão em estrelas Be. A maioria das estrelas que mostram Oi 7772 A em absorção têm linhas de absorção muito fracas, sugerindo a presença de alguma quantidade de emissão nesta linha. Mas algumas estrelas mostram efetivamente uma linha de absorção nítida de Oi 7772 A, não concordando assim com os resultados de Jaschek et al. (1993). Descobrimos que 35 destas 44 estrelas que mostram emissão Oi 7772 A são anteriores ao tipo espetral B3, o que está de acordo com Andrillat et al. (1988).

Efectuámos então o estudo de correlação entre as linhas Oi 7772 A e Paschen. Descobrimos que 40 das 44 estrelas Be que mostram a linha Oi 7772 A na emissão também mostram linhas de Paschen na emissão. Este resultado não está de acordo com Andrillat et al. (1988) que observou que em estrelas Be sempre que a linha Oi 7772 A está em emissão, as linhas de Paschen também são visíveis em emissão. Por isso, não pudemos confirmar a correlação entre a presença de Oi 7772 A e as linhas de Paschen como observado por Andrillat et al. (1988). Sugere-se que sejam efectuadas mais investigações com uma amostra maior de estrelas para estabelecer essa correlação.

3.4.9 Linhas de emissão HeI

As linhas Hei são geralmente formadas em regiões de alta temperatura com T ~ 15.000 K (Kwan & Fischer, 2011). Nas estrelas Be, não se espera que as linhas HeI sejam vistas em emissão, uma vez que a temperatura do disco é menor. Em vez disso, estas linhas estão presentes em absorção nos espectros de estrelas Be de tipo inicial, i.e. B0 - B5. As linhas de emissão de HeI são geralmente visíveis em regiões que contêm plasma de alta ionização, tais como estrelas simbióticas (Siviero & Munari, 2003). No entanto, em raros casos encontramos linhas de emissão de HeI em estrelas Be. O estudo das linhas de emissão de HeI é outra área pouco explorada na investigação de estrelas Be.

Bahng & Hendry (1975) encontraram as linhas Hei 5876 e 6678 A em emissão nos espectros da estrela κ CMa (B1.5 IVe), enquanto linhas na região azul como 4026 e 4471 A foram observadas em absorção. Eles afirmaram que as linhas de emissão Hei são originárias do envelope circunstelar a cerca de 2 raios estelares da estrela central. Sugeriram também que estas linhas podem ser um fenómeno temporário ou que efeitos não-LTE são responsáveis pela sua excitação selectiva. Chalabaev & Maillard (1985) observaram linhas HeI para algumas estrelas Be, e.g. linha 10830 A para gam Cas. Lennon & Dufton (1989) propuseram a inclusão da cobertura de linhas UV nos modelos teóricos como uma solução para o problema. Subsequentemente, Dachs et al. (1992) identificaram a linha HeI 5876 A na emissão em 7 da sua amostra de 37 estrelas Be do sul.

Mais tarde, Apparao (1994) afirmou que, nas estrelas Be, as linhas de emissão HeI podem ser produzidas por uma companheira binária compacta que está a acrecentar matéria do disco da estrela primária (aqui a estrela Be). Pelo contrário, a análise das linhas HeI para a estrela lam Eri (B2IVne) por Smith et al. (1997) sugeriu que estas linhas são formadas numa região de densidade crítica onde as de-excitações colisionais e radiativas são comparáveis. Eles previram que o mecanismo de bombeamento de Lyman é responsável pela emissão de linhas Hei em estrelas B0 - B5.

Na nossa amostra, encontrámos linhas HeI 5876, 6678 e 7065 A na emissão de 13 (" 11%) estrelas. Verificámos que 12 destas 13 estrelas pertencem ao tipo espetral B3 ou anterior, 6 das quais são do tipo B0. Emissão de pico único é observada em 6 das 13 estrelas (gam Cas, HD 23552, HD 244894, CD-22 4761, BD+59 2829 e BD+61 39). Curiosamente, cada estrela mostra alguma caraterística notável na emissão HeI.

Enquanto as três linhas HeI na região vermelha, 5876, 6678 e 7065 A são visíveis em HD 23552, CD-22 4761, BD+59 2829 e BD+61 39, gam Cas e HD 244894 mostram apenas as linhas 5876 e 7065 A na emissão. A linha 7065 A é muito mais intensa em BD+59 2829 do que nas outras. A emissão de pico duplo é observada no caso das linhas HeI 5876, 6678, 7065 A em HD 13051 e uma estrela (HD 49330) mostra perfis P-Cygni para as linhas HeI 5876, 6678 A. Para as restantes 5 entre 13 estrelas, as linhas HeI apresentam características de concha. Todas as três linhas 5876, 6678, 7065 A são observadas em perfis de concha em HD 12856, HD 50696 e BD+62 1, enquanto as assinaturas de perfil de concha em HeI 5876 e 7065 A são visíveis em HD 51193. Por outro lado, as linhas HeI 5876 e 6678 A mostram características de concha em HD 259597, enquanto a linha 7065 A está presente no perfil de emissão normal. A Fig. 3.13 mostra os perfis das linhas de emissão HeI para duas das estrelas do nosso programa.

No entanto, não encontramos nenhuma linha de emissão HeI na região azul (como 4026, 4142, 4387, 4471 A) em nenhuma das estrelas do nosso programa, exceto na CD-22 4761 onde as linhas 4142, 4387, 4471 A mostram perfis preenchidos. O nosso resultado indica, portanto, que as estrelas Be mais quentes de tipos espectrais anteriores podem ter uma temperatura de disco elevada, mostrando assim a emissão de HeI. A única exceção é HD 23552 que mostra linhas de emissão HeI, embora seja do tipo B8. Este é um caso interessante que precisa de ser analisado mais detalhadamente.

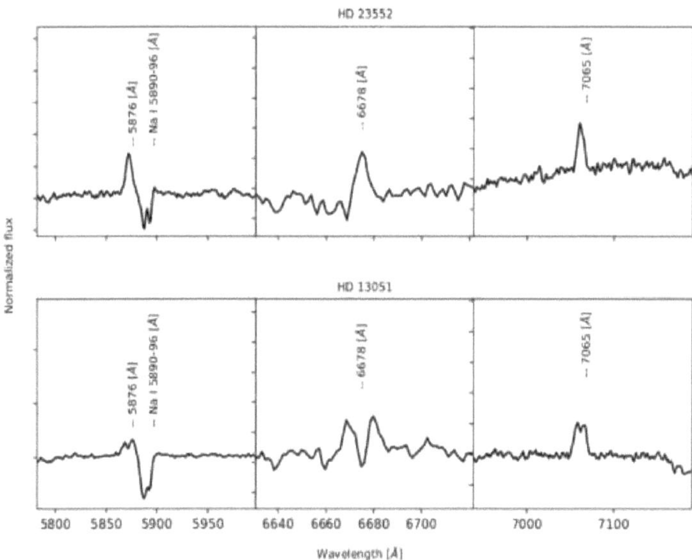

Figura 3.13: Perfis de linhas de emissão de HeI para as estrelas do programa HD 23552 e HD 13051. HD 23552 mostra uma emissão de pico único das linhas HeI 5876, 6678 e 7065 A, enquanto que a emissão de pico duplo é visível no caso de HD 13051.

3.4.9.1 Caso interessante da estrela HD 13051

Entre todas as estrelas da amostra, perfis interessantes de linhas de emissão HeI são observados para HD 13051. Todas as três linhas HeI na região vermelha, i.e. 5876, 6678, 7065 A exibem um perfil de emissão de pico duplo (visível na Fig. 3.13) quando observadas a 06 de janeiro de 2009, com uma relação V/R de 0.82, 0.91 e 1.08, respetivamente. O perfil Hei 6678 é uma caraterística de concha. A linha *Ha* estava presente em emissão de pico duplo durante o nosso tempo de observação com EW corrigido de -9,3 A.

Por isso, consultámos a literatura para verificar a natureza desta estrela. Foi identificada pela primeira vez como uma estrela com linhas de emissão de hidrogénio por Merrill & Burwell (1933). Lesh & Aizenman (1973) citaram o tipo espetral desta estrela como sendo B1IVe, enquanto Slettebak (1968) relatou a sua velocidade de rotação (vsin *i*) como sendo de 200 km s^{-1} . Pertencente à constelação de Perseus, HD 13051 foi mais tarde listada como uma estrela Be por Jaschek & Egret (1982). Além disso, esta estrela foi detectada como estando situada na região da associação Per OB1 por autores como Tovmassian et al. (1990) e Garibdzhanian (1984). Posteriormente, foi listada nos catálogos de estrelas de emissão *Ha* por Kohoutek & Wehmeyer (1999) e Kohoutek & Wehmeyer (1997).

Em seguida, consultámos a base de dados BeSS (Neiner et al., 2011) para verificar os perfis das linhas espectrais desta estrela observados por diferentes astrónomos amadores. Um total de 90 espectros estão disponíveis na base de dados para HD 13051, desde setembro de 2009 a dezembro de 2022. Entre eles, 13 espectros foram obtidos perto da região *Ha*. *A região Ha* é vista em emissão com pico duplo em todos os casos. Curiosamente, a linha HeI 5876 A também é visível em duplo pico de emissão quando a estrela foi observada pelo astrónomo amador Buil em 09 de setembro de 2009 (C11 eShel QSI532) a partir de um local em França. Mais dois espectros obtidos pelo astrónomo amador Lester mostraram a linha HeI 6678 A em duplo pico de emissão, em 05 de novembro de 2015 e 07 de novembro de 2016, respetivamente. Ambos os espectros foram obtidos num local no Canadá usando a configuração 31cmDK+23um1800lpm+QSI583.

3.4.10 Dependência do tipo espetral das estrelas de programa em relação à Largura Equivalente

Descobrimos que a linha de emissão EW para as estrelas do nosso programa tende a ser mais intensa nos tipos espectrais mais antigos. A Fig. 3.14 mostra a distribuição da EW das linhas *Ha*, P14 (8598 A), FEII 5169 A e OI 8446 A em relação aos tipos espectrais das nossas estrelas. Aqui, observamos que a EW de *Ha* atinge um valor máximo

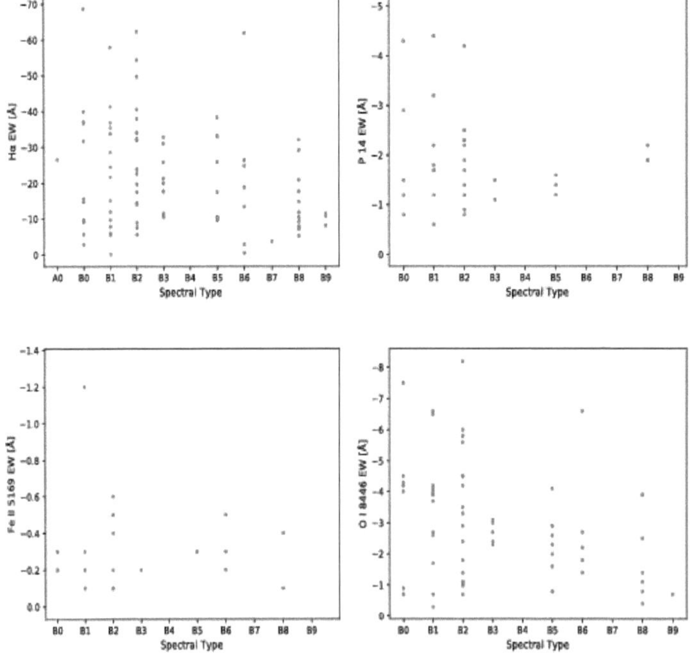

Figura 3.14: Largura equivalente de emissão *Ha,* P14, Fe II 5169 A e O I 8446 A das estrelas do nosso programa em função do seu tipo espetral. Observa-se uma clara dependência do tipo espetral para *Ha*, P14, FeII 5169 e O I 8446 A EW.

Verifica-se que as EW de todas estas 4 linhas atingem um valor máximo algures perto dos tipos B1-B2 e diminuem gradualmente em direção aos tipos tardios. A EW de FEII 5169 A mostra uma tendência semelhante, mesmo se removermos o único ponto de dados situado perto da região de -1,2 A no respetivo gráfico.
em algum lugar perto dos tipos espectrais B1-B2 e diminui gradualmente em direção aos tipos tardios. A linha P14 e OI 8446 A também mostram uma tendência semelhante, onde descobrimos que a EW se torna mais alta para estrelas Be de tipo inicial em torno de B2. A intensidade de emissão do OI 8446 A diminui para os tipos mais tardios, de forma semelhante à emissão *Ha*. Assim, parece que a intensidade de emissão de *Ha*, P14 e OI 8446 A é maior em estrelas do tipo B inicial. Feii 5169 A EW também mostra uma tendência de pico perto de B1-B2, mesmo se removermos o único ponto de dados situado perto da região de -1,2 A no respetivo gráfico.

3.4.11 Outras linhas de emissão metálicas proeminentes

Para além das linhas de oxigénio, as linhas de emissão fracas de SIII e MGII estão ocasionalmente presentes nos espectros de estrelas Be. Mathew & Subramaniam (2011) relataram a ocorrência destas linhas na sua amostra de 150 estrelas Be do aglomerado. O estudo destas linhas raramente é encontrado na literatura.
Entre as estrelas do nosso programa, 7 mostram ambas as linhas SIII 6347 e 6371 A na emissão, enquanto que em 16 casos ambas estão presentes na absorção. Em 5 outras estrelas, apenas a linha SIII 6347 A é visível na emissão e apenas a linha SIII 6371 A é vista na emissão em dois casos separados (phi Per e HD 277707). Também descobrimos que ambas as linhas MGII 7877 e 7896 A estão presentes na emissão em 9 estrelas, enquanto a estrela HD 45626 mostra apenas a linha MGII 7877 A na emissão. Pelo contrário, apenas a linha MGII 7896 A é observada em emissão nas estrelas HD 19243 e HD 36376.

3.4.12 Análise decrescente de Balmer

Nas estrelas Be, a intensidade relativa das linhas de emissão de Balmer é uma função da temperatura e da densidade dos electrões no seu disco. As razões de fluxo para as linhas de emissão mais fortes visíveis nos espectros ópticos de estrelas Be são conhecidas como decrementos de Balmer. Assim, o decréscimo de Balmer é definido como

$$D_{34} = F(H_\alpha)/F(H_\beta) \qquad (3.2)$$

$$D_{54} = F(H_\gamma)/F(H_\beta) \qquad (3.3)$$

Aqui, D34 e D54 são geralmente quantificados em relação à força de emissão (ou seja, fluxo) da linha *Hв*, F(*Hв*)▪ Isto é usado principalmente para uma melhor compreensão da temperatura e densidade de electrões em discos de estrelas Be. O fluxo de linha correspondente, ou seja, F(*Ha/ Hв*) e F(*HY/ Hв*), é obtido multiplicando a razão do fluxo contínuo (F_c), ou seja, F_c (*Ha/ Hв*) e F_c(*HY/ Hв*) pela razão da largura equivalente corrigida, ou seja, EW(*Ha/ Hв*) e EW(*HY/ Hв*). Assim, as equações acima podem ser expressas de forma mais geral como

$$(D_{34})_o = EW\ (H\alpha/H\beta)\ \times\ F_C\ (H\alpha/H\beta) \qquad (3.4)$$

$$(D_{54})_o = EW\ (H\gamma/H\beta)\ \times\ F_C\ (H\gamma/H\beta) \qquad (3.5)$$

onde $(D34)_o$ e $(D_{54})_o$ são os valores observados de D34 e D_{54} , respetivamente. Utilizámos as fórmulas acima referidas de Dachs et al. (1990) para calcular D34 e D54 para as estrelas do nosso programa.

A maioria dos trabalhos anteriores sobre o decréscimo de Balmer em estrelas Be centrou-se no estudo de D34 em estrelas de campo. Estudos empíricos sobre o decréscimo de Balmer em estrelas Be foram efectuados por Karpov (1934), Burbidge & Bur- bidge (1953) e Briot (1971, 1981). Uma vez que estes se basearam inteiramente em intensidades de linhas de emissão observadas através de espectrogramas fotográficos, os resultados obtidos sofrerão muito provavelmente de problemas relacionados com a calibração da intensidade fotográfica (Dachs et al., 1990). Rojas & Herman (1958) encontraram uma variação da razão de fluxo com a temperatura da estrela subjacente, estudando a sua amostra de 17 estrelas entre os tipos espectrais B0 - B9.

Obtiveram o valor D34 para estas estrelas que varia entre 2,2 e 4,2.

Alguns outros estudos (e.g. Dachs et al. 1990, Pottasch 1961 e Burbidge & Burbidge 1955) sugeriram que a densidade eletrónica nos discos de estrelas Be varia entre 1012-2 *x* 1013 cm^{-3} . Além disso, as propriedades do disco de estrelas Be foram investigadas por estudos de decremento de Balmer de 6 estrelas Be de concha (Kogure et al., 1978) e para a estrela Be de pólo único HR 5223 (Dachs et al., 1984). Dachs et al. (1990) determinaram os valores de D34 e D54 para 26 estrelas Be brilhantes e descobriram que os valores de D34 variam entre 1,2 e 3,2, enquanto D54 varia entre 0,4 e 1,0. Eles calcularam que, para estrelas Be sem concha, a densidade média de electrões nos discos das estrelas do seu programa não excede 10^{12} cm^{-3} . Mathew et al. (2012a) estimaram que a densidade de electrões para a estrela X Per se situa entre 10^{11} - 10^{13} cm^{-3} . Isto implica que os envelopes das estrelas Be são opticamente espessos, onde a densidade média de electrões (ne) é significativamente maior do que a encontrada nas regiões nebulares.

Sabemos atualmente que o parâmetro primário que governa os valores de D34 e D_{54} é a densidade eletrónica do disco (Dachs et al., 1990). A partir dos cálculos teóricos de Hummer & Storey (1987), mostra-se que D34 ~ 2,7 para nebulosas de hidrogénio do caso B de baixa densidade. Da mesma forma, o valor teórico para D_{54} = 0,8 é dado por Storey & Hummer (1995). Prevê-se que a condição do caso B prevaleça em regiões estáticas de baixa densidade com forma esférica, como as nebulosas planetárias. Estas regiões são geralmente modeladas assumindo que são opacas no contínuo de Lyman, mas transparentes em comprimentos de onda maiores, enquanto são excitadas, aquecidas e fotoionizadas pela radiação proveniente de uma estrela central quente. Este cenário, denominado como condição do caso B, foi definido no trabalho pioneiro de Baker & Menzel (1938) e mais tarde em estudos posteriores, particularmente por Brocklehurst (1971), que se estende a densidades ligeiramente superiores.

3.4.13.1 Estimativa dos valores D34 e D_{54}

Neste estudo, estimámos os valores D34 para 105 e os valores D54 para 96 das estrelas do programa, a maior amostra utilizada até à data para estudar o decréscimo de Balmer em estrelas Bc. D54 é calculado para os casos em que *Hγ* também está presente na emissão junto com *Ha* e *Hβ*. Os valores resultantes estão listados na Tabela 3.7.

Hais observado em absorção para uma das nossas estrelas, HD 60855 (marcada a negrito na Tabela 3.7). No caso de 5 outras estrelas do programa (BD+10 2133, phi Per, HD 277707, HD 51480 e HD 61224) não foi possível confirmar os tipos espectrais da literatura (marcados com estrela na Tabela 3.7). Além disso, os espectros do Grism 7 não estão disponíveis para as estrelas bet Mon B e HD 58343 (marcadas com asterisco na Tabela 3.7), pelo que as linhas *Hβ* e *HY* não são visíveis. Por isso, omitimos estas estrelas do cálculo do decremento de Balmer.

O método que seguimos para estimar os valores D34 e D_{54} é descrito abaixo:

- Em primeiro lugar, medimos as larguras equivalentes das linhas *Ha*, *Hβ* e *Hγ* para todas as nossas estrelas (apresentadas na Tabela 3.7), independentemente de estarem em emissão ou em absorção.
- De seguida, identificámos os espectros sintéticos correspondentes a cada tipo espetral (B0 - A0) utilizando o modelo de Kurucz (Kurucz, 1993). Para este efeito, precisamos da temperatura efectiva da estrela Be (*Teff*), que é identificada a partir de Pecaut & Mamajek (2013) para cada tipo espetral. Também adoptámos o valor da metalicidade solar (Fe/H) como 0 e o valor de log g como 4,5 (para estrelas da Sequência Principal).
- Em seguida, medimos a componente de absorção das linhas *Ha*, *Hβ* e *Hγ A* partir dos espectros sintéticos para cada tipo espetral (B0 - A0). O EW de absorção é adicionado ao EW de emissão para obter o EW de linha líquido, uma vez que a linha de emissão aparece depois de preencher o canal de absorção.
- Além disso, determinámos o fluxo contínuo (F_c) correspondente às linhas *Ha*, *Hβ* e *HY* para cada tipo espetral a partir dos espectros sintéticos de Kurucz. Assim, obtivemos o fluxo de linha correspondente, ou seja, F(*Ha/ Hβ*), multiplicando o rácio do fluxo contínuo (*FC*) pelo rácio da largura equivalente corrigida (usando as equações 3 e 4), o que dá os valores observados de D34 e D54 para cada estrela.
- O próximo passo é corrigir os valores de D34 e D_{54} para a extinção. Os *AV* para 83 das estrelas do nosso programa são estimados usando os novos dados disponíveis do *Gaia* DR2. O *AV* estimado no presente estudo é utilizado para a correção do fluxo.

• Os valores corrigidos de D34 e D54, ou seja, $(D34)_c$ e $(D54)_c$, são calculados utilizando as seguintes relações:

$$(D_{34})_c = 10^{-(A(H\alpha)-A(H\beta))/2.5} \times (D_{34})_o \quad (3.6)$$

$$(D_{54})_c = 10^{-(A(H\gamma)-A(H\beta))/2.5} \times (D_{54})_o \quad (3.7)$$

Aqui, os valores de extinção em *Ha*, *Hв* e *HY* são determinados a partir do ajuste polinomial de sétima ordem parametrizado para a extinção interestelar apresentado em Cardelli et al. (1989). Este método de derivar a extinção nas linhas OI 7774 A e 8446 A já foi explorado com sucesso por Mathew et al. (2012b). Estimámos A(*Ha*) = 0,*8223Av*, A(*Hв*) = 1,1881 *Av* e A(*HY*) = 1,*3426Av* . Assim, equivalentemente, A(*Ha*)-A(*Hв*) = -0,3659 *x Av* e A(*HY*)-A(*Hв*) = 0,1561 *x Av* com um rácio de extinção total-para-selectiva, R_V=3,1.

Os nomes das estrelas do programa estão indicados na coluna 1 da Tabela 3.7. As EW medidas das linhas *Ha, Hв, HY* estão listadas nas colunas 2 a 4. Da mesma forma, as EW das linhas *Ha, Hв, HY* corrigidas para a influência da absorção estelar subjacente são apresentadas nas colunas 5 a 7. As colunas 8 e 9 apresentam os nossos decrementos de Balmer estimados, ou seja, os valores $(D34)_c$ e $(D_{54})_c$.

Os dados obtidos na coluna 8 da Tabela 3.7 mostram que D34 para as estrelas do nosso programa varia entre 0,1 e 9,0. Entre 105 estrelas, 19 (" 20%) mostram D_{34} > 2,7. Os valores mais baixos e mais altos de D34 de 0,1 e 9,0 são obtidos para HD 61205 e HD 251726, respetivamente. Também notamos que 19 outras estrelas exibem D34 < 1,0, a maioria delas mostrando emissão fraca com *Ha* EW menor que -5 A. Os valores correspondentes de D_{54} variam principalmente entre 0,2 e 1,5 (" 70%), agrupando-se em algum lugar perto de 0,8 - 1,0 (coluna 9 da Tabela 3.7). No entanto, em 27 casos D_{54} > 1.5 com uma estrela, HD 251726 mostrando D54 tão alto quanto 4.6. A estrela HD 33461 mostra D54 = 0.2, o menor valor de D_{54} medido para a nossa amostra. A Fig. 3.15 mostra a distribuição dos valores de D34 e D54 para as estrelas do programa.

Comparando com a literatura, descobrimos que Dachs et al. (1990) relataram que D34 se situa entre 1,2 - 3,2 para a sua amostra de 26 estrelas Be meridionais de tipo precoce. No entanto, D54 para estas estrelas varia entre 0,4 - 1,0, agrupando-se perto de 0,7. Pelo contrário, Slettebak et al. (1992) obtiveram D34 para 41 estrelas Be variando entre 2,05 - 5,7, enquanto D54 é sempre menor que 1,0. Ambos os autores anteriores também notaram que, em média, a emissão fraca de *H a* (*Ha* EW < -25 A) é geralmente caracterizada por decréscimos planos de Balmer (D34 < 2,0, D54 > 0,6). O nosso estudo não pôde confirmar tal tendência, o que é evidente na Tabela 3.7.

Os valores e o intervalo de variação de D34 e D54 estimados por nós são um pouco diferentes dos obtidos em trabalhos anteriores. Para avaliar a fiabilidade destes valores, fizemos uma estimativa das suas as- Tabela 3.7: Estimativa dos decrementos de Balmer, D34 e D54 para as estrelas do nosso programa. As nossas larguras equivalentes medidas (EW) das linhas *Ha, Hв* e *HY* estão listadas nas colunas 2 a 4. EW_c nas colunas 5 a 7 denotam as linhas *Ha*, *Hв* e *Hy* corrigidas pela absorção para as mesmas estrelas. O sinal (-) nestas colunas indica emissão, enquanto o valor positivo indica absorção. As colunas 8 e 9 apresentam os decrementos de Balmer estimados, ou seja, os valores (D34)c e (D54)c, respetivamente, com os erros associados para as 83 estrelas cujos valores *AV* foram estimados por nós. A estrela HD 60855, que mostra *Ha* na absorção após a correção da absorção estelar subjacente, está marcada a negrito. Para 5 outras estrelas (marcadas com uma estrela), não foi possível confirmar os tipos espectrais a partir da literatura. As linhas *Hв*, *HY* não são visíveis no caso da bet Mon B e da HD 58343 (assinaladas com asterisco), uma vez que os espectros do Grism 7 não estão disponíveis para elas.

Name	Hα EW	Hβ EW	Hγ EW	Hα EW_c	Hβ EW_c	Hγ EW_c	$(D_{34})_c$	$(D_{54})_c$
AS 1	-9.9	3.2	4.9	-16.4	-4.5	-3.5	1.5 ±0.2	1.1 ±0.1
AS 105	4	4.9	5.5	-1.6	-1.9	-1.9	0.3 ±0.03	1.5 ±0.2
AS 52	-31	0.8	4.3	-36.7	-6	-3.1	2.4 ±0.2	0.7 ±0.1
BD+102133*	-15.3	-0.6	-3.1	-	-	-	-	-
BD+55 81	3.1	4	5.2	-0.8	-0.4	0.8	0.6 ±0.1	-
BD+59 334	3.2	3.3	3.7	-0.8	-1	-0.7	0.2 ±0.02	1.7 ±0.2
BD+60 307	-13.9	1.23	3.2	-18.6	-4.3	-2.7	1.5 ±0.2	1.1 ±0.1
BD+60 368	2.9	2.9	5.2	-1.1	-1.4	0.7	0.2 ±0.02	-
BD+62 287	-10.4	5.5	8.2	-18.3	-4.1	-2	1.9 ±0.2	0.8 ±0.1
BD+62 292	0.9	2.4	3.3	-3.1	-1.9	-1.2	0.5 ±0.1	0.8 ±0.1
BD+62 300	-0.1	2.9	3.7	-4	-1.5	-0.7	1.7 ±0.2	1.6 ±0.2
CD-22 4761	-36.8	-3.1	-	-40.8	-7.4	-	3 ±0.4	-

Name	Hα EW	Hβ EW	Hγ EW	Hα -EW_c	Hβ -EW_c	Hγ -EW_c	$(D_{34})_c$	$(D_{54})_c$
HD 10516*	-28.6	-1.7	4.4	-	-	-	-	-
HD 109387	-18.8	3.2	5.7	-25.7	-5.2	-3.3	2.1	1.1
HD 12302	-33.7	-1.7	3	-37.6	-6.1	-1.4	3.1 ±0.5	1.6 ±0.2
HD 12856	-39.9	-3.1	1.3	-43.9	-7.4	-3.2	3.4	2.2
HD 12882	-24.8	-0.8	2.8	-29.5	-6.4	-3.1	1.8 ±0.2	0.7 ±0.1
HD 13051	-5.4	1.1	4.7	-9.3	-3.3	0.2	1 ±0.1	-
HD 13429	-0.8	5.4	5.9	-6.4	-1.4	-1.5	1.8 ±0.2	1.6 ±0.2
HD 144	-3.6	6.9	9.2	-15.8	-10.5	-8.9	1.2	1.7
HD 15238	-10.3	2.7	4.9	-16.6	-5	-3.5	1.8 ±0.2	1.5 ±0.2
HD 18552	-14.7	4.8	7.9	-22.2	-4.2	-1.9	2.4 ±0.3	0.9 ±0.1
HD 18877	5.4	8.4	9.8	-2.1	-0.6	0	1.4 ±0.1	-
HD 19243	-35.4	-2.9	-0.2	-39.2	-7.3	-4.7	1.8 ±0.2	1.2 ±0.1
HD 20017	-10.4	3.9	6.5	-16.8	-3.7	-1.9	1.8 ±0.2	0.7 ±0.1
HD 20134	2.9	5.3	6.2	-1.8	-0.3	0.4	1.8 ±0.2	-
HD 20336	-14.4	2	4.5	-19.1	-3.6	-1.4	1.9	0.9
HD 20340	4.8	5.9	6.8	-0.8	-0.9	-0.6	0.4	1
HD 21212	-54.4	-4.9	-	-59.1	-10.5	-	2 ±0.2	-
HD 21455	-0.5	7.2	8.5	-8	-1.9	-0.5	2.2 ±0.2	1.5 ±0.2
HD 21641	-8.1	9.6	11.8	-20.3	-7.8	-6.3	1 ±0.1	1 ±0.1
HD 218393	-21.3	-1.3	1.9	-26.9	-8.1	-5.5	1.3 ±0.1	1 ±0.1
HD 22780	4.7	7.8	9.1	-2.8	-1.2	-0.7	0.9 ±0.1	0.8 ±0.1
HD 232590	3.1	2.9	3.7	-0.8	-1.5	-0.8	0.2 ±0.02	0.7 ±0.1
HD 23302	-0.6	6.2	7.8	-7.5	-2.2	-1.2	1.4	0.9
HD 23552	-32.1	-3.2	-0.6	-40	-12.8	-10.8	1.3 ±0.1	1.2 ±0.1
HD 23630	-2.8	5.1	6	-10.3	-3.9	-3.8	1.3	1.6
HD 236935	-11.9	0.1	2.5	-15.8	-4.2	-1.9	1.6 ±0.2	1.2 ±0.1

Name	Hα EW	Hβ EW	Hγ EW	Hα -EW_c	Hβ -EW_c	Hγ -EW_c	$(D_{34})_c$	$(D_{54})_c$
HD 236940	-24.5	-1.7	2.5	-29.2	-7.3	-3.3	1.3 ±0.1	0.8 ±0.1
HD 237056	1.2	2.9	3.2	-2.8	-1.4	-1.3	0.7 ±0.1	1.8 ±0.2
HD 237060	-11.4	5.1	7.3	-23.7	-12.3	-10.8	0.8 ±0.1	1.1 ±0.1
HD 237091	2.8	3.9	3.7	-1.1	-0.5	-0.7	0.7	2.1
HD 237118	-13.3	4.8	7	-20.1	-3.6	-1.9	3 ±0.5	1.6 ±0.2
HD 237134	-38.2	-1.6	6.5	-46.1	-11.2	-3.7	2.2 ±0.2	1.1 ±0.1
HD 23862	-7.8	5.4	6.8	-15.7	-4.2	-3.5	1.7	1.4
HD 244894	-15.1	-1.2	-0.03	-18.9	-5.6	-4.4	2.7 ±0.4	2.9 ±0.3
HD 249695	-5.9	2.5	4.6	-9.8	-1.9	0.2	3 ±0.3	-
HD 251726	-41.3	2.9	-0.2	-45.2	-1.5	-4.6	9 ±0.9	4.6 ±0.5
HD 25487	6.9	11.6	11.8	-1	2	1.6	-	-
c Per	-25.8	2.23	5.7	-31.4	-4.6	-1.7	3.2	1
HD 259431	-61.9	-1.6	3.9	-68.7	-9.9	-5.1	2.8 ±0.3	0.8 ±0.1
HD 259597	-15.6	-0.6	2.4	-19.5	-4.9	-2.1	2.9 ±0.5	2.3 ±0.3
HD 259631	-32.9	-2.1	1.9	-36.8	-6.5	-2.5	4.2 ±0.4	2.4 ±0.3
HD 277707*	-29.2	-2.2	1.5	-	-	-	-	-
HD 2789	4.5	5.7	6.4	-1.1	-1.1	-0.4	0.4 ±0.04	1.4 ±0.1
HD 29441	-23.9	-1.6	3.3	-28.6	-7.2	-2.5	1.5 ±0.2	0.8 ±0.1
HD 29866	-11.8	4.6	6.3	-19.7	-4.9	-3.9	2 ±0.2	1.5 ±0.2
HD 33328	1.3	2.9	3.9	-3.4	-2.7	-1.9	0.4	1.1
HD 33357	3.3	4.5	5	-0.6	0.1	0.6	-	-
HD 33461	-8.9	-1.5	4.8	-13.6	-7.1	-1	0.6 ±0.1	0.2 ±0.02
HD 35345	-33.8	-3.2	-0.5	-37.6	-7.5	-4.9	2.6 ±0.3	2.1 ±0.2
HD 36012	-25.9	3.5	7.3	-30.7	-2.1	-0.1	6.1	0.3
HD 36376	-29.2	-1.9	3.7	-37.1	-11.4	-6.5	1.9	1.4
HD 36576	-32.3	-2.6	-0.2	-36.9	-8.2	-6	2	1.7

Name	Hα EW	Hβ EW	Hγ EW	Hα -EW_c	Hβ -EW_c	Hγ -EW_c	$(D_{34})_c$	$(D_{54})_c$
HD 37115	-26.3	4.4	7.4	-33.8	-4.7	-2.4	3	0.9
HD 37657	-20	-0.7	3.2	-25.7	-7.6	-4.2	1.4 ±0.1	0.8 ±0.1
HD 37806	-26.5	6.5	9.9	-38.7	-10.9	-8.1	1.4 ±0.1	1 ±0.1
HD 37967	-37.9	-2.1	5.5	-42.7	-7.7	-0.3	1.9 ±0.2	0.2
HD 38010	-36.8	-2.9	-0.4	-40.6	-7.3	-4.8	2.5	1.8
HD 38708	3.3	4.3	5.5	-2.3	-2.5	-1.9	0.4 ±0.04	1.1 ±0.1
HD 4180	-33.2	-1.8	3.8	-39.6	-9.5	-4.6	2	1
HD 45542	-2.8	5.8	6.8	-9.6	-2.6	-2.2	1.6	1.4
HD 45626	-3.6	4.2	4.9	-10	-3.5	-3.4	1.1 ±0.1	1.4 ±0.1
HD 45725	-32.8	-1.6	3.7	-38.8	-8.9	-4.2	1.9	0.9
HD 45726*	-30.3	-	-	-35	-	-	-	-
HD 45901	-22.6	-1.3	1.7	-27.3	-6.9	-4.1	1.2 ±0.1	0.9 ±0.1
HD 45910	-34	-5.4	1.4	-38.7	-11	-4.5	1.1 ±0.1	0.6 ±0.1
HD 46131	4.4	4.7	5.9	-1.6	-2.6	-2	0.2	1.2
HD 47359	-2.8	1.5	4.1	-6.8	-2.8	-0.3	1.8 ±0.2	1.3 ±0.1
HD 49330	-9.7	1.1	3.8	-14.4	-4.5	-2	3 ±0.4	2.7 ±0.4
HD 50658	4.2	6.1	7.7	-3.7	-3.5	-2.5	0.4	1
HD 50696	-9.7	1.1	3.8	-14.4	-4.5	-2	1.1 ±0.1	0.8 ±0.1
HD 50820	-10.5	-1.2	3.4	-16.1	-8	-4	2.9	2.8
HD 50868	-7.5	2.2	4.6	-12.2	-3.4	-1.2	1.3	0.7
HD 51193	-21.7	-1.5	2.7	-27.3	-8.3	-4.8	1 ±0.1	0.9 ±0.1
HD 51354	-17.7	2.2	5.1	-23.3	-4.7	-2.3	2.2	0.9
HD 51480*	-54.1	-6.3	-1.2	-	-	-	-	-
HD 53085	-17.7	2.2	5.1	-23.3	-4.7	-2.3	2	0.7
HD 53416	-5.2	7.5	8.5	-13.2	-2.1	-1.8	2.5	1.2

Name	Hα EW	Hβ EW	Hγ EW	Hα -EW_c	Hβ -EW_c	Hγ -EW_c	$(D_{34})_c$	$(D_{54})_c$
HD 5394	-31.7	-2.7	-0.4	-35.6	-7	-4.8	1.7	1.9
HD 55439	-5.6	3.7	5.4	-10.3	-1.9	-0.5	1.9 ±0.2	0.7 ±0.1
HD 55606	-57.9	-4.5	-0.1	-61.9	-8.8	-4.6	4.8 ±0.6	3.5 ±0.4
HD 55806	-10.7	2.3	6.4	-18.2	-6.7	-3.4	1.3 ±0.1	0.9 ±0.1
HD 58050	2.9	4.9	5.9	-1.8	-0.7	0.1	0.8	-
HD 58343*	-11.4	-	-	-16.1	-	-	-	-
HD 60260	-9.6	2.1	4.3	-15.2	-4.8	-3.2	1.6	1.2
HD 60855	9.6	15.1	14.9	4.9	9.5	9.1	-	-
HD 61205	11.8	15.8	17.4	-0.5	-1.6	-0.7	0.1 ±0.01	0.6 ±0.1
HD 61224*	-8.2	5.1	6.9	-	-	-	-	-
HD 62367	-9.2	6.1	8.5	-17.1	-3.5	-1.7	2	0.7
HD 65079	-17.5	1.4	4.5	-22.2	-4.2	-1.3	1.6 ±0.2	0.5 ±0.1
HD 698	-10.2	1.9	4.2	-17.7	-7.1	-5.6	1 ±0.1	1.1 ±0.1
HD 72043	-20.9	4.1	6.5	-27.4	-3.6	-1.8	3.4 ±0.3	1.1 ±0.1
HD 89884	-17.5	2.8	5.4	-23.9	-4.9	-3	2.1	1
HR 2142	-31.9	-2.2	2.4	-36.7	-7.8	-3.5	1.4 ±0.1	0.7 ±0.1
MWC 28	-40.5	-4	-0.6	-45.2	-9.6	-6.4	1.4 ±0.1	1 ±0.1
MWC 3	-37	-3.5	-0.8	-41	-7.8	-5.3	3.4 ±0.4	2.8 ±0.3
MWC 5	-14.8	-1.8	-0.3	-18.8	-6.1	-4.8	1.2 ±0.1	1.5 ±0.2
MWC 500	-7.1	2.9	4.2	-10.9	-1.4	-0.3	4.4 ±0.4	1.6 ±0.2
MWC 566	-68.7	-7.2	-1.6	-72.7	-11.4	-6.1	2.9 ±0.3	1.8 ±0.2
MWC 667	-19.7	-1.1	2.5	-24.4	-6.6	-3.4	1.3 ±0.1	1 ±0.1
MWC 669	-7.8	1.1	2.9	-11.7	-3.3	-1.6	1.5	0.9
MWC 672	-49.6	-4.4	0.4	-54.3	-9.9	-5.4	1.9 ±0.2	1.1 ±0.1
MWC 677	-34.1	-1.9	2.5	-38.8	-7.5	-3.3	1.8 ±0.2	0.9 ±0.1
MWC 678	-62.3	-4.8	-0.3	-67	-10.4	-6.2	1.9 ±0.2	0.9 ±0.1

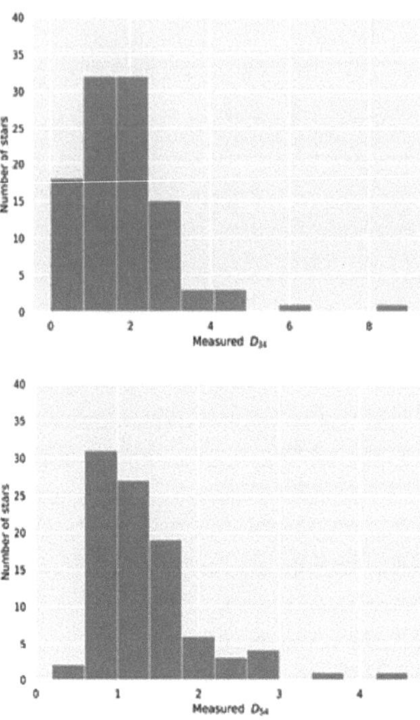

Figura 3.15: Distribuição de D34 e D_{54} para as estrelas do programa. Entre as 105 estrelas para as quais estimámos valores *de* D34, 19 (" 20%) apresentam D34 > 2,7. No entanto, D54 para as nossas estrelas varia maioritariamente entre 0,2 e 1,5 (" 70%). Apenas 19 estrelas apresentam D34 < 1,0, enquanto D_{54} > 1,5 em 27 casos.

erros associados. É verdade que os erros dos decrementos de Balmer medidos são difíceis de avaliar, uma vez que envolvem possíveis erros no tipo espetral que se traduzem na determinação dos fluxos contínuos e das linhas de absorção fotosféricas EW. Como discutido na Sect. 3.4.2, reestimámos os valores de A_V para 83 das estrelas do programa através da relação do módulo da distância. Para estas estrelas obtivemos três valores de distância do *Gaia* DR2: o limite inferior, médio e superior, respetivamente. Em seguida, calculámos os valores de A_V inferior, médio e superior para cada estrela. Em seguida, usando a conversão de extinção retirada de Cardelli et al. (1989), convertemos os nossos valores calculados de A_V inferior, médio e superior em extinção correspondente às linhas *Ha, Hв* e *HY* para todas as estrelas. Isto significa que cada estrela mostra agora a extinção em *Ha*, *Hв* e *HY* com os seus erros correspondentes. Agora o erro em A_V é propagado para a extinção de linha para os valores corrigidos do decremento de Balmer, ou seja, D34 e D54. Isto, quando contabilizado para o erro na medição EW das linhas *Ha*, *Hв* e *HY*, fornece finalmente um erro para as 83 estrelas para as quais A_V é reestimada por nós.

Verificámos que o nosso resultado para o D34 está bastante de acordo com

Slettebak et al. (1992) e Dachs et al. (1990), embora a gama do nosso D34 seja maior. Isto deve-se possivelmente ao maior número de estrelas da nossa amostra. Verificámos que 19 das estrelas do nosso programa apresentam D34 > 2,7, o que implica que o disco destas estrelas é opticamente fino por natureza. O resto das estrelas que exibem D34 < 2,7 possuem discos opticamente espessos. No entanto, o nosso resultado não coincide com D_{54} . O intervalo diferente de valores D34 e D54 obtidos no nosso estudo pode ser devido ao facto de termos considerado valores *AV* para calcular os decrementos de Balmer no nosso caso. Isto pode não ter sido feito por autores anteriores. Também estimámos o valor D34 para todos os 20 emissores fracos que apresentam *Ha* EW inferior a -5 A.

3.4.13.2 Diagrama de decréscimo de Balmer

Para as estrelas Be, um gráfico mostrando os valores de D54 contra os valores *de* D34 é chamado de diagrama de 'decremento de Balmer'. Esse diagrama é útil para entender a tendência de como os valores de D34 e D54 dependem de valores mais altos e mais baixos de *Ha,* ajudando assim a fornecer conhecimento sobre as propriedades que prevalecem nos discos das estrelas Be.

Dachs et al. (1990) descobriram que as estrelas da sua amostra que apresentam forte emissão *Ha* (*Ha* EW corrigido > -25 A) tendem a ter, em média, valores D34 relativamente maiores e valores pequenos de D_{54} , ou seja, D34 > 2,0 e D_{54} < 0,7. Isso significa que elas apresentam decréscimos acentuados de Balmer. Pelo contrário, as estrelas que exibem uma emissão *Ha* fraca (EW corrigido *deHa* < -25 A) tendem a mostrar valores relativamente menores de D34 e valores maiores de D_{54} , ou seja, D34 < 2,0 e D_{54} > 0,7, o que é denominado como decréscimos de Balmer planos. Se tal efeito existe ou não pode ser entendido traçando nossos valores estimados de D_{54} versus D34 para todas as estrelas da amostra. O diagrama de decréscimo de Balmer para as estrelas da amostra é mostrado na Fig. 3.16.

Observando a figura, nota-se que não há correlação entre os valores de D34 e D54 para as estrelas. Uma estrela que apresente um valor mais elevado de D34 pode também apresentar um valor elevado de D_{54} , e vice-versa. Além disso, observando as colunas 5, 8 e 9 da Tabela 3.7, não podemos confirmar nenhuma tendência específica para as estrelas do programa, como observado por Dachs et al. (1990). Isto pode dever-se ao facto de termos considerado valores *AV* para calcular os decrementos de Balmer no nosso caso, o que não foi feito por Dachs et al. (1990). Além disso, a maior dimensão da nossa amostra também pode ser outro fator.

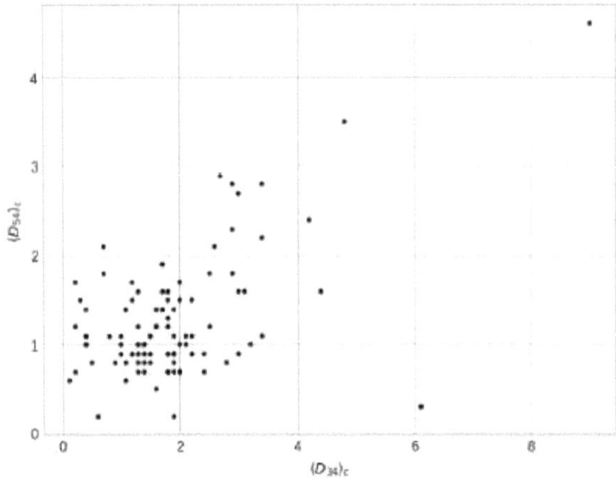

Figura 3.16: Decréscimo de Balmer, D_{54} traçado versus D34 para as estrelas do programa. Não há correlação entre os valores de D34 e D_{54} para as estrelas. Uma estrela que mostra um valor mais alto de D_{34} também pode exibir um valor alto de D_{54} , e vice-versa.

3.4.13.3 Avaliação da densidade de electrões em discos estelares Be utilizando valores de decremento de Balmer

Antes de avaliar a densidade de electrões nos discos da amostra de estrelas Be, quisemos verificar se a natureza dos perfis de linhas pode ou não influenciar os valores observados de D34 e D54. A distribuição do tipo espetral de 105 e 96 estrelas em relação aos seus valores observados de D34 e D_{54} é mostrada na Fig. 3.17. Verificámos que 39 das 105 estrelas mostram linhas *Hα* e *Hβ* acima do contínuo, ou seja, emissão clara. Na figura, as estrelas que exibem ambas as linhas *Hα* e *Hβ acima do* contínuo estão marcadas com símbolos de estrelas vermelhas. Para o resto das estrelas, uma ou ambas as linhas *Hα* e *Hβ* são vistas abaixo do continuum. Estas estrelas são representadas por símbolos de estrelas pretas na figura. O EW das linhas *Hα* e *Hβ* pode estar sobrestimado em alguns casos. Por isso, considerámos a EW medida das linhas *Hα* e *Hβ* para fazer este gráfico.

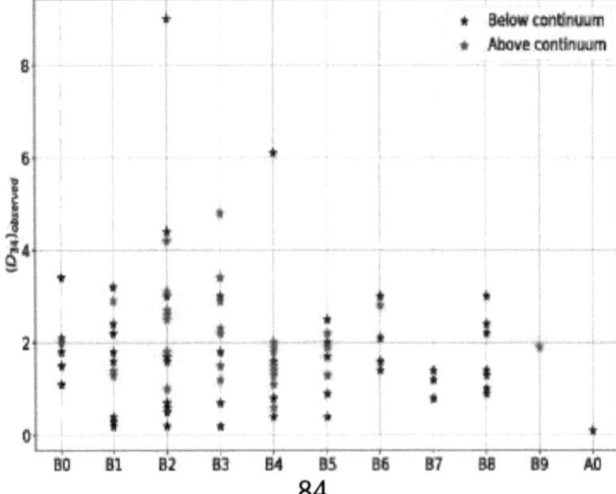

Tipo espetral

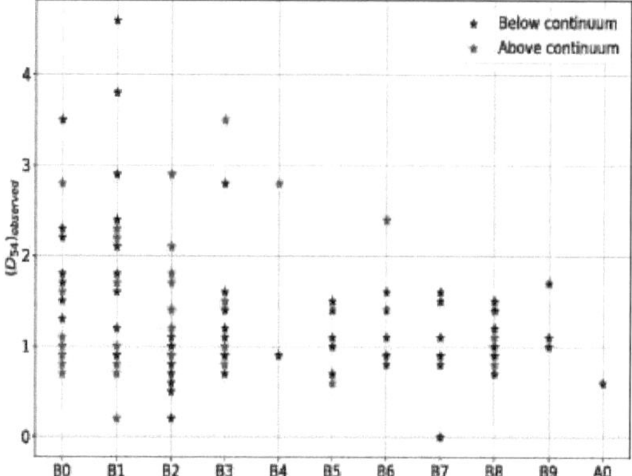

Tipo espetral

Figura 3.17: Distribuição do tipo espetral de 105 e 96 estrelas em relação aos seus valores observados de D34 e D54. As estrelas que exibem linhas *Ha* e *Hв* acima do contínuo estão marcadas com símbolos de estrelas vermelhas, enquanto as outras estrelas estão marcadas com símbolos de estrelas pretas.

A partir da figura, observa-se que não é possível detetar qualquer tendência distinta. Embora no gráfico do painel esquerdo possamos ver 5 pontos dentro de B0 - B2 com $(D34)_{observado} > 4$, é difícil detetar qualquer tendência específica. Curiosamente, o valor global de $(D54)_{observado}$ parece diminuir para tipos espectrais mais tardios. Será possível confirmar se se trata de uma tendência real ou não através de novos estudos com amostras de maior dimensão. No entanto, a figura indica que a natureza dos perfis das linhas *Ha* e *Hв* pode não influenciar os valores $(D34)_{observados}$ e $(D54)_{observados}$ da amostra de estrelas Be. Em seguida, realizámos um estudo comparativo com a literatura existente para avaliar a densidade de electrões nos seus discos utilizando os valores D34 e D_{54} .

Está atualmente bem estabelecido que os modelos de disco para envelopes circunstelares (ECs) de estrelas Be são consistentes com os dados observados se as temperaturas típicas dos electrões (*Te*) nos discos forem de 10^4 K, as densidades dos electrões (*ne*) forem da ordem de cerca de 10^{12} cm^{-3} , e quando os raios do disco (*Rd*) variarem entre 10^{12} e 10^{13} cm (Dachs et al., 1990). No entanto, para estrelas Be individuais existem diferenças óbvias entre as propriedades dos ECs. Além disso, a variabilidade dos EC observada em muitas estrelas Be tem de ser explicada em termos de variações e diferenças dos seus diferentes parâmetros físicos, tais como as dimensões e as densidades electrónicas dos EC.

A este respeito, torna-se necessário verificar se, ou como, os nossos decrementos de Balmer estimados podem servir como uma possível ferramenta de informação suplementar para lançar luz sobre a espessura ótica prevalecente em ECs de estrelas Be. Para obter informações sobre as possíveis densidades de electrões que ocorrem em ECs de estrelas Be, é importante realizar um estudo comparativo dos nossos valores estimados de decremento de Balmer com os valores correspondentes medidos para diferentes tipos de nebulosas gasosas modelo por autores anteriores. Em um estudo importante, Brock-lehurst (1971) relatou que para uma nebulosa gasosa sob condições do caso B, tendo $Te = 1 x 104$ K, $ne < 106$ cm^{-3} , os valores esperados de D34 e D_5 4 podem ser 2,85 e 0,47, respetivamente.

Drake & Ulrich (1980) calcularam os decrementos teóricos de Balmer considerando uma nebulosa estática de alta densidade com geometria de laje. Este tipo de nebulosas modelo foi concebido para modelar a emissão de linhas de Núcleos Galácticos Activos (AGNs) e quasares (Dachs et al., 1990). Para os seus cálculos, Drake & Ulrich (1980) adoptaram um modelo de átomo de hidrogénio contendo 20 níveis de ligação e cobrindo uma gama de densidade de partículas de 10^8 a 10^{15} cm^{-3} . No caso dos campos de radiação mais fortes e considerando Te $=10^4$ K, a taxa de fotoionização no estado fundamental, R 1 $c = 3$ s^{-1} e $m(Lya) = 105$, Drake & Ulrich (1980) (Fig. 12c) verificaram que D34 diminuía continuamente à medida que a densidade eletrónica (ne) aumentava, passando de um valor máximo de cerca de 5 em $ne \sim 10^{10}$ cm^{-3} para 1 em $ne \sim 1015$ cm^{-3} . O valor correspondente de D54 aumentou em conformidade, de 0,34 para 0,65 (Fig. 13g). Considerando as mesmas condições, estes autores encontraram D34 = 3,3 e D54 = 0,46 a $ne \sim 1012$ cm^{-3} .

Num outro trabalho, estudando nebulosas modelo de hidrogénio a $Te = 10^4$ K e para uma densidade de coluna (NH)$=10^{23}$ átomos de hidrogénio cm^{-2} , Joly (1987) obteve resultados ligeiramente diferentes. O autor verificou que D34 diminui continuamente de D34 = 3,3 em $ne = 10^{10}$ cm^{-3} para D34 = 2,7 em $ne = 10^{12}$ cm^{-3} . Um outro estudo importante, efectuado por Williams & Shipman (1988), considerou modelos de discos de acreção rotativos de alta densidade e calculou os decrementos de Balmer para a emissão de linhas provenientes desses discos. No entanto, não considerámos os seus resultados para o presente estudo, uma vez que os discos de estrelas Be são discos de decreção, não tendo poeira nos seus discos. Dachs et al. (1990) realizaram um estudo comparativo entre os resultados obtidos por Drake & Ulrich (1980) e Joly (1987), que sugeriu que na faixa de $ne = 10^{10}$ cm^{-3} e 10^{12} cm^{-3} , os valores de decremento de Balmer tendem a se aproximar dos valores do caso B convencional quando a fotoionização de níveis excitados é incluída nos cálculos do modelo.

A partir do nosso estudo, observámos que para 63 (~ *65%)* das 96 estrelas, são observados decréscimos planos de Balmer com $D_{34} < 2.0$, $D_{54} > 0.7$. Apenas cinco estrelas, nomeadamente HD 33461, HD 37967, HD 45910, HD 61205 e HD 65079 são as excepções onde se verifica que D34 < 2.0 e também D54 < 0.7. A maioria destas 63 estrelas também mostra uma emissão *Ha* relativamente fraca com *Ha* EW corrigido < -25 A. De acordo com cálculos para diferentes modelos de nebulosas de hidrogénio de alta densidade mencionados acima, tais diminuições planas de Balmer (i.e. D34 < 2.0 e também D54 > 0.7) indicam a presença de densidades electrónicas mais elevadas nos EC das estrelas Be em comparação com as estrelas que apresentam *Ha* EW superior a -25 A. De acordo com Drake & Ulrich (1980) (Fig. 12c), em tais discos com decrementos de Balmer planos, *ne* será > 10^{13} cm^{-3} . Em condições semelhantes, Krolik & McKee (1978) (Tabela 4; modelos DX2, DX3) previram que o *ne seria* pelo menos > 10^{12} cm^{-3} .

Verificámos que a melhor concordância entre os nossos valores estimados de D34 e D54 para estas 63 estrelas e os valores calculados teoricamente é obtida se se considerar que *os ne* nos CE dessas estrelas são superiores a cerca de 10^{13} cm^{-3} para os modelos de nebulosas gasosas mais prováveis calculados por Drake & Ulrich (1980). Para outras 18 (~ 19%) estrelas onde se nota uma forte emissão *Ha* com EW superior a -25 A, *o ne* médio nas suas CEs varia provavelmente entre 10^{12} cm^{-3} e 10^{13} cm^{-3} . Podemos sugerir este facto comparando os nossos valores obtidos com os obtidos por cálculos teóricos de autores como Drake & Ulrich (1980) e Krolik & McKee (1978) para os seus modelos de nebulosas. Assim, o nosso estudo sugere que os discos da nossa amostra de estrelas Be são geralmente opticamente espessos por natureza, com a densidade eletrónica (*ne*) nos seus CEs a ser superior a 10^{12} cm^{-3} na maioria dos casos. Curiosamente, também encontrámos 19 estrelas que apresentam um valor de D34 superior a 2,7. Já foi mencionado que os decrementos teóricos de Balmer calculados para nebulosas modelo por vários autores prevêem que o valor *de* D34 aumenta com valores decrescentes de *ne*. Portanto, estas 19 estrelas são casos interessantes e precisam de mais investigação.

No entanto, é importante notar que os decrementos de Balmer estimados para as estrelas Be representam os resultados da média de diferentes porções dos seus CEs que exibem uma gama definida de valores (locais) de D34 e D_{54} . Assim, é necessário desenvolver no futuro uma melhor modelação dos decrementos teóricos de Balmer para a emissão de linhas de hidrogénio provenientes de CEs de estrelas Be para obter uma interpretação mais precisa dos valores estimados de D34 e D54.

3.4.13.4 Estrelas com valor D34 superior a 2,7

Para as 19 estrelas que apresentam valores de D34 superiores a 2,7, entende-se que a intensidade de emissão *Ha* é superior à *Hβ,* o que contribui para valores maiores de D34. A nossa análise indica que a densidade média de electrões (i.e. *ne*) nos seus discos é inferior à média, o que faz com que os seus discos sejam opticamente finos.

Por isso, consultámos a literatura para verificar a natureza destas 19 estrelas Be. Descobrimos que 15 (~ 79%) das 19 estrelas são de tipos espectrais anteriores (entre B0 -B3) no SIMBAD. Outra estrela, HD 259431 foi identificada como sendo uma estrela Herbig Ae/Be (Waters & Waelkens, 1998). As restantes três estrelas, nomeadamente HD 72043, HD 237118 e HD 37115 têm tipos espectrais B5, B6 e B7, respetivamente. HD 72043 é um objeto menos estudado, identificado como uma estrela Be por Jaschek & Egret (1982). O primeiro estudo espetroscópico desta estrela é efectuado por nós no presente estudo. É interessante notar que as classes de luminosidade de 13 destas 18 estrelas são V, indicando que estão na fase de sequência principal (MS). Entre as restantes 86 estrelas que apresentam D34 < 2,7, 56 pertencem aos tipos espectrais B0 e B3. A Fig. 3.18 apresenta a distribuição do tipo espetral destes dois conjuntos de estrelas com valores *de* D34 superiores e *inferiores* a 2,7.

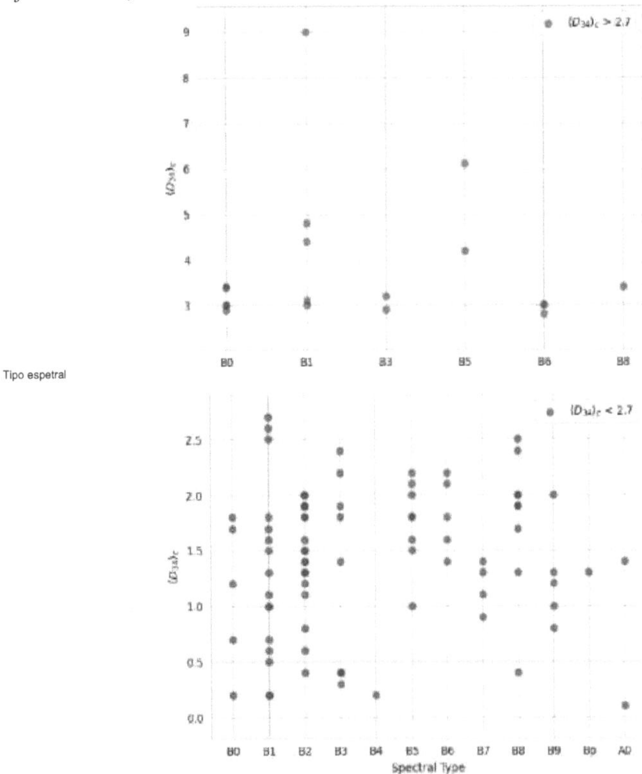

Figura 3.18: Distribuição do tipo espetral de dois conjuntos de estrelas com valores *de* D34 superiores e inferiores a 2,7.

Analisando a literatura, verifica-se também que Bhattacharyya et al. (2021) classificaram duas das 19 estrelas, nomeadamente CD-22 4761 e BD-11 2043, como candidatas à fase de transição (TP), que são estrelas raras de linhas de emissão em fase de transição da sequência pré-mãe (PMS) para a sequência principal. Espera-se que tais estrelas possuam componentes de poeira nos seus discos. Uma outra estrela, HD 55606, foi identificada como um sistema binário Be+sdO por Chojnowski et al. (2018). Outra estrela, HD 50820, é relatada como sendo uma estrela binária com tipo espetral composto K4III++B1.5Ve (Ginestet & Carquillat, 2002).

Em seguida, verificámos Dachs et al. (1990) que reportaram 6 estrelas da sua amostra de estrelas de 26Be (HR 2787, HR 2911, HR 4140, HR 6510, HR 8402 e

HR 8773) com D34 superior a 2,7 em todas as épocas das suas observações. Também encontraram o valor D54 para 5 destas 6 estrelas a variar entre 0,36 e 0,5 em todas as datas das observações. Verificando a literatura, descobrimos que apenas uma destas 6 estrelas (i.e. HR 2787) é relatada como sendo um binário. Os tipos espectrais para estas 6 estrelas variam entre B2 e B6, com três (50%) delas (HR 2787, HR 2911 e HR 6510) pertencendo ao tipo B2. Assim, a partir do nosso presente estudo, é interessante notar que cerca de 50% das estrelas Be com D34 superior a 2,7 são de tipos espectrais anteriores, ou seja, entre B0 e B3.

3.4.13.5 Variação epocal de D34

Para além da análise da variabilidade do perfil da linha *Hα*, a natureza transitória dos discos de estrelas Be pode ser identificada através do estudo da variação dos valores estimados de D34 por época das estrelas em que são feitas observações repetidas. Para as estrelas do nosso programa onde estão disponíveis estimativas anteriores de D34 (pelo menos duas), comparámos os nossos valores estimados de D34 com os obtidos por outros autores.

Descobrimos que apenas 10 das estrelas do nosso programa têm pelo menos dois conjuntos de observações para D34, incluindo as nossas estimativas. Apenas uma delas (HD 41335) tem três observações para D34. A variação epocal de D34 para essas estrelas, conforme observado por nós e por autores anteriores, está listada na Tabela 3.8, juntamente com o nome do observador e a época das observações. Da mesma forma, a Fig. 3.19 demonstra a variação de D34 conforme observada por nós e por autores anteriores.

Tabela 3.8: Variação epocal de D34 para 10 estrelas do programa com observações repetidas, com pelo menos dois conjuntos de dados

Nome	Observador	Época/data	D34
HD 18552	Briot (1971)	1952	6.1
	trabalho atual	Dez. 2007	1.9
HD 38010	Briot (1971)	1952	3.1
	trabalho atual	Jan. 2008	1.8
omi Cas	Karpov (1934)	-	5.2
	trabalho atual	Dez. 2007, 2008	1.5
aposta Mon A	Briot (1971)	1952	4.2
	trabalho atual	Jan. 2009	1.6
HD 53416	Briot (1971)	1952	8.7
	trabalho atual	Dez. 2007	2.3
gam Cas	Karpov (1934)	-	2.7
	trabalho atual	Dez. 2007, 2008	1.7
HD 62367	Briot (1971)	1952	4.7
	trabalho atual	Dez. 2008	1.8
HD 698	Rojas & Herman (1958)	1950	3.2
	trabalho atual	Dez. 2007, 2008	0.9

HD 89884	Briot (1971)	1952	5.5
	trabalho atual	Dez. 2007	1.8
HD 41335	Dachs et al. (1990)	Nov. 1978	2.1
	Dachs et al. (1990)	Nov. 1981	2.7
	trabalho atual	Dez. 2008	1.6

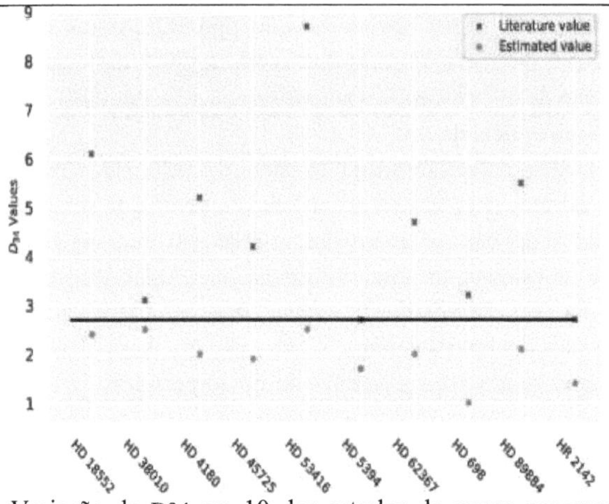

Figura 3.19: Variação de D34 em 10 das estrelas do nosso programa, conforme observado por nós e por autores anteriores. A linha preta indica o valor de corte 2.7, adotado de Hummer & Storey (1987), que é assumido para distinguir entre uma região opticamente fina e uma região espessa que prevalece no caso B definido por Baker & Menzel (1938) e mais tarde por Brocklehurst (1971).

Vê-se na figura que o nosso valor de D34 é inferior ao de autores anteriores (e.g. Dachs et al. (1990), Briot (1971), Rojas & Herman (1958), Burbidge & Burbidge (1953), Karpov (1934)) em todos os casos. Além disso, o estudo da variação epocal de D34 para 10 das estrelas do nosso programa implica certamente que a espessura ótica nos discos destas estrelas está a mudar numa escala de tempo de anos a décadas, o que pode resultar na natureza transitória do disco.

3.4.13 Análise comparativa com estudos anteriores de espetroscopia de alta resolução

Como tentativa de verificar como os nossos parâmetros observados para as estrelas do programa variam com os relatados por estudos espectroscópicos de alta resolução, efectuámos uma análise comparativa com alguns importantes estudos espectroscópicos anteriores de alta resolução de estrelas Be. Para este fim, procurámos as estrelas comuns que foram estudadas por nós usando espetroscopia de baixa resolução e também por autores anteriores, como Hanuschik (1986, 1988), Dachs et al. (1992) e Catanzaro (2013). Os três primeiros eram estudos espectroscópicos de alta resolução de estrelas Be meridionais galácticas. Pelo contrário, Catanzaro (2013) estudou uma amostra de 48 estrelas Be do norte da

Galáxia.

Hanuschik (1986) estudou os perfis das linhas *Ha* para 24 estrelas Be observadas durante janeiro - fevereiro de 1985, usando o instrumento Coude Eschelle Spectrograph (CES) montado no Telescópio Auxiliar Coude (CAT) de 1,4 m no Observatório Europeu do Sul, Chile. Num estudo separado, Hanuschik (1988) usou o mesmo instrumento para analisar as linhas de emissão de Balmer para 26 estrelas Be observadas durante agosto - setembro de 1982. O poder de resolução foi R = 50.000 para os espectros estudados por Hanuschik (1986) e R = 100.000 no caso de Hanuschik (1988), respetivamente. Em seguida, Dachs et al. (1992) realizaram outro estudo de alta resolução (R – 50.000) dc 37 cstrelas Be observadas entre 7 e 13 de fevereiro de 1987, utilizando a mesma instalação, focando as linhas de emissão *Ha*, *Hв*, FeII 5317 A e Hei 5876 A.

Descobrimos que enquanto 3 das nossas 115 estrelas do programa foram estudadas por Hanuschik (1986) e Dachs et al. (1992); 4 das 115 estrelas foram estudadas por Hanuschik (1988). Uma destas estrelas comuns, HD 41335, é observada pelos três autores. As três estrelas comuns estudadas por nós e por Hanuschik (1986) e Dachs et al. (1992) são HD 41335, bet Mon A (HD 45725) e HD 58343. No presente estudo, estimámos que a EW de *Ha* medida para as três estrelas é de -31,9, -32,8 e -11,4 A, respetivamente. Os *Ha* EW para as mesmas estrelas medidos por Hanuschik (1986) em 1985 foram -32,1, -30,8 e -15,6 A, respetivamente. Da mesma forma, Dachs et al.

(1992) em 1987 determinou o *Ha* EW para as três estrelas como sendo -25.7, -24.8 e -9.6 A, respetivamente. Isto implica que os nossos valores detectados usando espetroscopia de baixa resolução estão bem dentro de 20% dos valores obtidos por Hanuschik (1986). Se considerarmos os nossos valores *Ha* EW corrigidos (i.e. *Ha* EW_c) para estas estrelas (-36.7, -38.8 e -16.1 A para HD 41335, bet Mon A e HD 58343, respetivamente) que determinámos depois de corrigirmos a contribuição da fotosfera estelar, então também os nossos valores detectados se situam bem dentro dos 20% dos obtidos com estudos espectroscópicos de alta resolução. No entanto, os nossos valores medidos diferem em mais de 20% para as estrelas HD 41335 e bet Mon A quando comparados com os valores obtidos por Dachs et al. (1992). Isto pode ser devido ao facto de as estrelas Be mostrarem variabilidade nos perfis *Ha na* maioria dos casos, indicativo da sua natureza transitória do disco.

Em seguida, quando comparámos o nosso estudo com o de Hanuschik (1988), foram encontradas 4 estrelas comuns, nomeadamente HD 23302, HD 23630, HD 23862 e HD 41335. Os *Ha* EW relatados para as três primeiras estrelas por Hanuschik (1988) são -0,69 (13 de setembro de 1982), -6,5 (15 de agosto de 1982) e -3,5 A (30 de agosto de 1982), respetivamente. No nosso estudo, verificámos que o EW de *Ha* medido para as estrelas é de -0,6, -2,8 e -7,8 A, respetivamente. No entanto, as EW *Ha* corrigidas detectadas (*Ha* EW_c) para estas estrelas são -7,5, -10,3 e -15,7 A, respetivamente. Os resultados mostram que o nosso valor medido de *Ha* EW para HD 23302 está dentro de 1% do valor obtido por Hanuschik

(1988). No entanto, nota-se uma variação de mais de 50% no valor medido de *Ha* EW para as outras duas estrelas. Isto pode dever-se ao facto de estas estrelas terem sido observadas em épocas diferentes por Hanuschik (1988) e por nós no presente estudo. Assim, a maior variação dos valores de *Ha* EW observados durante as duas épocas (1982 e 2008) pode indicar a natureza variável dos seus discos circunstelares.

Além disso, Hanuschik (1988) observou que todas as 4 estrelas exibem emissão de duplo pico em *Ha*. Curiosamente, a emissão *Ha em duplo pico* também foi detectada para todas as três estrelas, nomeadamente HD 41335, bet Mon A e HD 58343 por Hanuschik (1986) e Dachs et al. (1992). No entanto, todas as 6 estrelas comuns mostraram *Ha* em emissão de pico único no nosso estudo. Isto é devido à baixa resolução do HCT que usámos para o presente estudo. Enquanto HD 41335 exibiu V quase igual a R quando observada por Hanuschik (1986) em 1985, Dachs et al. (1992) observaram V>R para a estrela quando observada em 1987. Pelo contrário, um caso diferente foi encontrado para a estrela HD 58343. Para esta estrela, Hanuschik (1986) detectou V ligeiramente maior que R em 4 de janeiro de 1985, enquanto Dachs et al. (1992) observou V quase igual a R em fevereiro de 1987. A outra estrela, Mon A, apresentou V/R menor que 1 em ambos os estudos.

Num estudo mais recente, Catanzaro (2013) utilizou o espetrógrafo REOSC echelle alimentado por fibra, montado no telescópio de 91 cm da estação de Fracastoro do INAF-Catania Astrophysical Observatory, Itália, para criar um atlas de linhas espectrais *Ha* e *Hβ* observadas para uma amostra de 48 estrelas Be do norte brilhantes. As medidas de *Ha* EW para 34 das 48 estrelas foram apresentadas pelo autor. Uma resolução de R = 21.000 foi alcançada durante as observações destas estrelas entre 2008 e 2009. Curiosamente, a amostra de Catanzaro (2013) foi também selecionada a partir do mesmo catálogo de estrelas Be que o nosso, i.e. de Jaschek & Egret (1982).

Verifica-se que 4 (nomeadamente HD 41335, HD 58050, HD 61224 e kap Dra) entre estas 34 estrelas são comuns na nossa lista também. Os *Ha* EW medidos para HD 41335, HD 58050, HD 61224 e kap Dra listados por Catanzaro (2013) são -31.92, -4.40, -5.59 e -19.17 A, respetivamente. De acordo com as nossas estimativas, os *Ha* EW medidos para estas estrelas são -31.9, 2.9, -8.2 e -18.8 A, respetivamente. Isto mostra que os nossos valores estimados estão dentro de 30% do que foi obtido por Catanzaro (2013). Curiosamente, os valores medidos *de Ha* O EW para HD 41335 obtido por Catanzaro (2013) e por nós coincide com ~ 100% de exatidão. Obtivemos o espetro de HD 41335 em 2 de dezembro de 2008. As estrelas do programa de Catanzaro (2013) foram observadas durante um período de dois anos, 2008 e 2009, ou seja, em épocas próximas da nossa.

3.5 RESUMO

Realizámos o estudo espetroscópico de todas as principais linhas de emissão para 115 estrelas do campo Be na gama de comprimentos de onda de 3800 - 9000 A seleccionadas do catálogo de Jaschek & Egret (1982). Tanto quanto sabemos, este é o primeiro estudo em que espectros quase simultâneos cobrindo toda a gama espetral de 3800 - 9000 A foram estudados para mais de 100 estrelas de campo Be. Produzimos, portanto, um atlas de linhas de emissão para estrelas Be que será um recurso valioso para os investigadores envolvidos na investigação de estrelas Be. Os principais resultados obtidos com este estudo são resumidos a seguir:

- Reestimámos o parâmetro de extinção (A_V) para 83 das estrelas da nossa amostra utilizando os novos dados disponíveis do *Gaia* DR2. Para os restantes 35 casos, obtivemos os valores de A_V da literatura. Os valores estimados de A_V são usados para correção da extinção na análise do decréscimo de Balmer para as estrelas do nosso programa. O nosso estudo sugere que a A_V é de grande importância e tem de ser tida em conta na análise das propriedades das estrelas Be.
- Medimos o decréscimo de Balmer, ou seja, valores D_{34} para 105 e valores D_{54} para 96 das estrelas do nosso programa - o primeiro trabalho até à data a estudar o decréscimo de Balmer para uma amostra de mais de 100 estrelas Be. D_{34} para a amostra varia entre 0,1 e 9,0, enquanto os valores correspondentes de D_{54} variam maioritariamente (" 70%) entre 0,2 e 1,5, agrupando-se algures perto de 0,8 - 1,0. Entre 105 estrelas, 19 (" 20%) mostram D_{34} maior que 2,7.
- Considerando o efeito deA_V para as estrelas da amostra e através do estudo comparativo dos valores estimados de D_{34} e D_{54} com os decrementos teóricos de Balmer medidos para diferentes tipos de nebulosas gasosas modelo por autores anteriores, o nosso estudo indica que os discos das estrelas Be são geralmente opticamente espessos por natureza. Prevemos que os seus discos têm uma densidade eletrónica (n_e) superior a 10^{12} cm^{-3} para a maioria das estrelas. Entre as 105 estrelas, estima-se que 86 (" 82%) possuem tais discos opticamente espessos, enquanto as restantes 19 estrelas têm discos opticamente finos com n_e inferior a 10^{12} cm^{-3}.
- Além disso, o nosso estudo da variação epocal de D_{34} para 10 das estrelas do programa indica que a espessura ótica nos discos destas estrelas está a mudar numa escala de tempo de anos a décadas.
- A maioria das estrelas do programa (" 60%, 64) mostram *Ha* em emissão normal, de pico único, com o *Ha* EW variando entre -0,5 e -72,7 A para a nossa amostra. Entre estas, identificámos 20 emissores fracos com *Ha* EW inferior a -5,0 A, enquanto que apenas uma estrela, HD 60855, apresenta *Ha* em absorção - o que sugere o seu estado sem disco durante o nosso período de observação.
- As linhas de Paschen estão presentes na emissão em " 40% (46) estrelas da nossa amostra, 39 das quais pertencem a tipos espectrais anteriores a B5, o que está de acordo com Briot (1981). Em 12 casos, nota-se que as linhas de emissão do tripleto de CAII estão misturadas com as linhas de Paschen P13, P15 e P16, respetivamente. Para além das linhas de Paschen, as linhas de emissão FEII são observadas em " 83% (95) das estrelas do programa, em concordância com Mathew & Subramaniam (2011). Cerca de 85% dessas estrelas têm tipos espectrais anteriores a B6, concordando com Andrillat et al. (1988). Além disso, as linhas de

emissão OI 8446 e 7772 A estão presentes em " 57% (66) e " 38% (44) das estrelas do nosso programa, respetivamente.

- Analisámos as linhas de emissão tripleto de Caii observadas em " 15% (17) casos para as estrelas do nosso programa. Ao explorar várias regiões de formação de linhas de emissão Caii em torno do disco circunstelar de estrelas Be, o nosso estudo sugere a possibilidade de que a emissão tripleta Caii possa ter origem nas regiões exteriores mais frias do disco, que podem não ser isotérmicas por natureza.
- Além disso, a nossa análise comparativa considerando estrelas Be de diferentes ambientes (tais como campos, aglomerados jovens e velhos) sugere que pode existir uma gama de valores de *Ha* EW no caso das estrelas Be. Observámos que os valores de Ha EW para estrelas Be são geralmente inferiores a -40 A, independentemente dos ambientes na Galáxia.
- Além disso, a nossa análise indica que a intensidade de emissão de *Ha*, P14, Feii 5169 A e Oi 8446 A é maior em estrelas do tipo B. Curiosamente, também notámos que é necessário um valor limite (~ -10 A) deHa EW para que a emissão de FEII se torne visível em estrelas Be.
- Finalmente, identificámos linhas de emissão HeI 5876, 6678 e 7065 A em " 11% (13) estrelas, 12 das quais pertencentes ao tipo B3 ou anterior. Isto indica que as estrelas Be mais quentes de tipos espectrais anteriores podem ter uma temperatura de disco mais elevada, mostrando assim linhas de emissão HeI.

Capítulo 4

Avaliação da dissipação do disco e das escalas de tempo de formação de estrelas Be clássicas utilizando espectros ópticos multiepoch

4.1 INTRODUÇÃO

O presente capítulo apresenta o estudo da natureza transitória de um conjunto de 9 estrelas Be galácticas brilhantes cuidadosamente selecionadas que mostraram a linha *Ha* em absorção completa pelo menos uma vez na literatura, indicando que essas estrelas passaram por uma fase sem disco pelo menos uma vez em sua vida. Estudamos a natureza transitória dessas 9 estrelas Be durante um período de 5 anos (2015 - 2019), analisando as mudanças contínuas no perfil da linha *Ha* mostradas por elas. O presente estudo ajudará na modelagem de discos circunstelares de estrelas Be e, assim, fornecerá uma melhor compreensão sobre o 'fenômeno Be' em estrelas Be.

4.2 NATUREZA TRANSITIVA DAS ESTRELAS CLÁSSICAS

Já foi mencionado no Capítulo 1 que as estrelas Be exibem normalmente variabilidade nos perfis das linhas espectrais. Elas mostram nos seus espectros variações de curto prazo que ocorrem em escalas de tempo de horas a meses (e.g. Paul et al., 2017; Porter & Rivinius, 2003; Sterken et al., 1996; Penrod, 1986; Baade, 1982) ou variabilidade de longo prazo que ocorre em escalas de tempo de anos a décadas (e.g. Miroshnichenko et al., 2002; Mennickent et al., 1994; Mennickent, 1991). A pulsação não-radial (NRP) explica a variabilidade significativa do perfil da linha (LPV) em escalas de tempo que variam de horas a dias (Baade, 1982). Porter & Rivinius (2003) relataram que a NRP pode explicar a LPV observada para estrelas Be de tipo inicial em cerca de 80% dos casos. Além disso, os efeitos de binaridade também foram considerados uma fonte importante de variabilidade de disco de período intermediário (Panoglou et al. (2018) e referências nele).

O caso extremo de tal variabilidade é o desaparecimento da linha de emissão *Ha*, indicativa de um estado sem disco em estrelas Be. O espetro então "O conteúdo deste capítulo está publicado em Banerjee et al. (2022) parece o de uma estrela normal do tipo B com linhas de absorção na fotosfera. No entanto, não existe atualmente nenhuma ideia conclusiva sobre quando é que uma estrela Be perde o seu disco durante a sua vida, quando é que o disco volta a aparecer ou quais são as escalas de tempo para a dissipação e formação do disco em estrelas Be? A revisão da literatura confirma que, até à data, foram efectuados menos estudos sobre estas questões. Esta dissipação e formação ocasional do disco exibida por estas estrelas é conhecida como a "natureza transitória" das estrelas Be. As fases de perda do disco e de reaparecimento das estrelas Be podem ser identificadas através do estudo regular dos seus perfis de linhas *Ha.*

Curiosamente, as observações durante esse estado sem disco podem ser usadas para estimar os parâmetros estelares tais como o tipo espetral e a luminosidade (Fabregat et al., 1992). Um exemplo bem estudado é o episódio de ausência de disco de X Persei (Fabregat et al., 1992; Norton et al., 1991). Estudos no infravermelho desta estrela também foram realizados por Mathew et al. (2012a, 2013). O estudo de Silaj et al. (2010) demonstrou mesmo que é possível ter uma mudança na forma e intensidade do perfil de linhas alterando os valores da densidade do disco.

4.3 ESTUDOS ANTERIORES

A revisão da literatura mostra que várias estrelas Be conhecidas apresentam de facto uma natureza transitória, pelo menos uma vez durante a sua vida. Durante nosso estudo anterior de estrelas Be de campo usando a instalação HCT, observamos que 22 entre nossas 115 estrelas do programa mostraram *Ha* em absorção (Banerjee et al., 2021). No entanto, após a correção para a fotosfera estelar subjacente, descobrimos que a emissão de Ha existe abaixo do continuum para 21 dessas 22 estrelas. Foi detectado que *Ha* está de facto presente em absorção no caso de apenas uma destas 22 estrelas, i.e., para HD 60855. Procurámos então na literatura estudos anteriores que relatassem a natureza transitória do disco das estrelas Be ou estudos dedicados a compreender melhor as fases de perda do disco e de reaparecimento das estrelas Be a partir da análise dos perfis das linhas de emissão Ha numa base regular.

Verifica-se que existem vários estudos que relatam o estado sem disco de algumas estrelas Be. Por exemplo, Mathew & Subramaniam (2011) descobriram que duas (NGC 663 180 e EM* AS 407) da sua amostra de 150 estrelas Be de aglomerados jovens passaram por fases de dissipação do disco. Detectaram que a escala de tempo de formação do disco para a NGC 663 180 (designada como NGC 663(13) no seu artigo) foi de 1 ano, enquanto que a da EM* AS 407 (designada como Berkeley 87(3) no seu artigo) foi de apenas ~ 17 dias. Usando medições de IR, Klement et al. (2019) detectaram 7 entre sua amostra de 57 estrelas Be com pouco ou nenhum disco durante o período de observações. Outras 18 estrelas Be foram observadas para mostrar assinaturas de fortes variações de disco. Em outro estudo separado, Cochetti et al. (2021) observaram o desaparecimento da linha *Ha* na estrela Be 12 Vul (HD 187811) durante 2014-2019, que eles atribuíram a um envelope em dissipação desde 2010. Eles também notaram uma fraca emissão de *Ha* para esta estrela em 2020, que desapareceu no final do ano, sendo sugestiva do fato de alguma atividade estelar antes de um novo processo de formação de disco.

Mais tarde, Marr et al. (2021) estudaram o episódio de dissipação do disco da estrela Be 66 Oph (HD 164284) compilando 63 anos de observações de 1957 - 2020, abrangendo assim a história completa do crescimento do disco da estrela e subsequente dissipação. A sua análise utilizando modelação indica que o disco da 66 Oph é isotérmico por natureza, tendo um raio exterior de ~ 115 raios estelares (R^*). Posteriormente, Ghoreyshi et al. (2021) descobriram que as estrelas Be de tipo inicial, como *rn* CMa, possuem um disco mais instável do que as de tipo tardio, de acordo com os resultados de Labadie-Bartz et al. (2018). *rn* CMa é uma estrela Be notável que passou por quatro ciclos completos de dissipação e acumulação de disco durante as últimas quatro décadas. Ghoreyshi et al. (2018) resume a complicada história desta estrela e suas implicações sobre a natureza da viscosidade que opera em discos astrofísicos.

No entanto, notamos uma escassez na literatura sobre qualquer trabalho que discuta a formação e dissipação do disco em estrelas Be em termos de mudanças contínuas no perfil da linha *Ha.* Motivados por estes factos, decidimos realizar um estudo dedicado a compreender a natureza transitória do disco de estrelas Be através da monitorização contínua das variações do perfil da linha Ha.

4.4 SELECÇÃO DA AMOSTRA E OBSERVAÇÕES

Para o presente estudo, seleccionámos 9 estrelas Be brilhantes na Galáxia, todas as quais mostraram a linha Ha em absorção completa pelo menos uma vez durante a sua vida. Considerámos para este estudo a estrela HD 60855 que exibiu a linha *Ha* em absorção completa durante a nossa observação anterior utilizando o HCT (Banerjee et al., 2021), uma vez que é uma fonte brilhante. As restantes 8 estrelas foram seleccionadas através de pesquisa bibliográfica e considerando o facto de serem observáveis com a instalação que utilizámos para as nossas observações.

Obtivemos 140 espectros de média resolução das 9 estrelas Be brilhantes seleccionadas (V de 3,7 a 8,9) usando o instrumento UAGS equipado com o telescópio refletor de 1 m no VBO. A técnica de observação destas 9 estrelas é também descrita na Secção 2.3. O registo das observações é apresentado na Tabela 4.1.

4.5 RESULTADOS E DISCUSSÃO

Nesta secção apresentamos a análise de estrelas9 Be. Elas pertencem aos tipos espectrais B0 - B8. Das 9 estrelas, 4 são anteriores ao tipo B5. A literatura também indica que uma destas 9 estrelas, HD 142926 (4 Her), é uma estrela de concha.

Tabela 4.1: Lista das estrelas Be do nosso programa e o registo das observações. Os nossos valores medidos e corrigidos de absorção *Ha* EW para cada estrela em cada ocasião são mostrados nas Colunas 9 e 10. O sinal (-) nessas colunas denota emissão, enquanto o valor positivo denota absorção. Os termos *dpe* e *eia* vistos em alguns casos na Coluna 9 significam 'emissão de duplo pico' e 'emissão em absorção', respetivamente. As 3 estrelas que apresentam *dpe da* linhaHa em todas as ocasiões estão assinaladas com uma estrela na coluna 1.

Simbad ID	Apelido	RA (hh mm ss)	Dez (dd mm ss)	V mag	Tipo de esp.	Data de Observação	Tempo de expiração (m)	H *a* EW_m	H *a* EW_c
HD 4180	Omi Cas	00 44 43.52	+48 17 03.71	4.5	B5III	17/09/15	15	-27.2	-33.6
						08/12/17		-18.4	-24.8
						10/12/17		-18.1	-24.5
						26/12/17		-18.6	-25
						07/01/18		-18.9	-25.3
HD 237056	BD+57 681	03 02 37.88	+57 36 46.06	4.2	B0,5Vpe	27/12/17	10	-18.9	-22.8
						28/12/17		-17.5	-21.4
						02/02/18		-18.6	-22.5
						01/01/19		-22.7	-26.6
						22/01/19		-22.7	-26.6
						22/02/19		-24.2	-28.1
						23/02/19		-23.5	-27.4
HD 23302	17 Tau	03 44 52.54	+24 06 48.01	3.7	B6IIIe	12/02/17	10	3.6	-3.3
						15/02/17		2.5	-4.4
						16/02/17		3	-3.9
						21/11/17		2.8	-4.1
						10/12/17		2.1	-4.8

Simbad ID	Apelido	RA (hh mm ss)	Dez (dd mm ss)	V mag	Tipo de esp.	Data de Observação	Tempo de expiração (m)	H *α* EW_m	H *α* EW_c
						27/12/17		2.7	-4.2
						04/01/18		2.5	-4.4
						06/01/18		3.1	-3.8
						08/01/18		1.9	-5
						12/01/18		3.4	-3.5
						01/02/18		3.2	-3.7
						02/02/18		3.1	-3.8
						03/02/18		3.3	-3.6
						04/02/18		3.1	-3.8
						05/02/18		3.5	-3.4
						06/02/18		3.5	-3.4
Simbad ID	**Apelido**	**RA (hh mm ss)**	**Dez (dd mm ss)**	**V mag**	**Tipo de esp.**	**Data de Observação**	**Tempo de expiração (m)**	**H *α* EW_m**	**H *α* EW_c**
						02/03/18		3	-3.9
						18/02/19		-0,5 (*eia, dpe*)	-7.4
						19/02/19		-0,5 (*eia, dpe*)	-7.4
						21/02/19		-0,4 (*eia, dpe*)	-7.3
						24/02/19		-0,4 (*eia, dpe*)	-7.3
						04/11/19		-0,5 (*eia, dpe*)	-7.5
HD 33357	SX Aur	05 11 42.93	+42 09 55.28	8.6	B1Vne	11/02/17	40	1.8	-2.1
						15/02/17		2.7	-1.2
						24/02/17		3.3	-0.6
						25/02/17		3	-0.9
						29/03/17		2.6	-1.3
						06/04/17		2	-1.9
						20/12/17		2.9	-1
						24/12/17		3.1	-0.8
						11/01/18		2.4	-1.5
						02/02/18		2.7	-1.2
						03/03/18		2.5	-1.4
						01/01/19		1.1	-2.8
						04/01/19		1	-2.9
						24/01/19		0.8	-3.1
						12/02/19		1.3	-2.6
HD 38708	V438 Aur	05 48 53.65	+29 08 10.02	8.2	B3/4Vn(e)	28/03/16	40	1.5	-4.1
						16/02/17		2.3	-3.3
						25/02/17		1.8	-3.8
						26/03/17		2.2	-3.4
						30/03/17		2.5	-3.1
						01/04/17		1.6	-4
						09/04/17		2.3	-3.3
						08/12/17		2.5	-3.1
						09/12/17		3.3	-2.3
						04/01/18		2.1	-3.5
						13/01/18		2.2	-3.4
						15/01/18		1.9	-3.9
						01/02/18		2.4	-3.2
						02/02/18		2.3	-3.3
						04/02/18		2.4	-3.2
						05/02/18		2.3	-3.3
						06/02/18		2	-4.6
						08/02/18		1.8	-3.8
						01/03/18		1.8	-3.8
						02/03/18		1.8	-3.8
Simbad ID	**Apelido**	**RA (hh mm ss)**	**Dez (dd mm ss)**	**V mag**	**Tipo de esp.**	**Data de Observação**	**Tempo de expiração (m)**	**H *α* EW_m**	**H *α* EW_c**
						22/01/19		2.7	-2.9
						23/01/19		2.8	-2.8
						16/02/19		2.4	-3.2
						18/02/19		2.8	-2.8
						19/02/19		2.5	-3.1
						21/02/19		2.7	-2.9
						22/02/19		2.7	-2.9
						24/02/19		2.6	-3
						17/03/19		2.3	-3.3

Simbad ID	Apelido	RA (hh mm ss)	Dez (dd mm ss)	V mag	Tipo de esp.	Data de Observação	Tempo de expiração (m)	H *a* EW_m	H *a* EW_c
						18/03/19		2.2	-3.4
						22/03/19		2.2	-3.4
HD 60855*	V378 Cachorro	07 36 03.89	-14 29 33.9	5.7	B2Ve	27/03/16	20	-3.3	-8
						11/02/17		-3.7	-8.4
						13/02/17		-4	-8.7
						16/02/17		-3.8	-8.5
						24/02/17		-3.7	-8.4
						25/02/17		-3.9	-8.6
						26/02/17		-4.5	-9.2
						25/03/17		-3.9	-8.6
						26/03/17		-4.4	-9.1
						27/03/17		-4.1	-8.8
						29/03/17		-4	-8.7
						31/03/17		-3.8	-8.5
						03/04/17		-3.9	-8.6
						06/04/17		-3.9	-8.6
						07/04/17		-4.3	-9
						12/04/17		-4.2	-8.9
						13/04/17		-3.5	-8.2
						27/04/17		-4.5	-9.2
						28/04/17		-4.3	-9
						30/04/17		-4.6	-9.3
						06/05/17		-4.5	-9.2
						08/05/17		-4.7	-9.4
HD 142926	4 Ela	15 55 30.59	+42 33 58.29	5.8	B7IVeshell	26/02/16	20	3.8	-3.7
						12/04/16		2.3	-5.2
						26/04/16		3	-4.5
						27/04/16		2.3	-5.2
						22/05/16		2.6	-4.9
						23/05/16		2.7	-4.8
						24/05/16		3.6	-3.9
						25/05/16		3.5	-4
						01/02/18		3.1	-4.4
						13/02/19		4.6	-2.9
						23/02/19		4.6	-2.9
						16/03/19		4.7	-2.8
						12/04/19		4.6	-2.9
						15/04/19		4.5	-3
						10/05/19		5.9	-1.6
						21/05/19		4.6	-2.9
HD 164447	V974 Ela	18 00 27.66	+19 30 20.83	6.4	B8Vn	25/03/16	25	-0,5 (*eia, dpe*)	-8.4
						20/04/16		-0,4 (*eia, dpe*)	-8.3
						21/04/16		-0,4 (*eia, dpe*)	-8.3
						22/04/16		-0,3 (*eia, dpe*)	-8.2
						22/05/16		-0,3 (*eia, dpe*)	-8.2
						23/05/16		-0,3 (*eia, dpe*)	-8.2
						25/05/16		-0,3 (*eia, dpe*)	-8.2
						30/06/16		-0,2 (*eia, dpe*)	-8.1
						26/03/18		2.6	-5.3
						29/03/18		2.3	-5.6
						14/04/19		2.1	-5.8
						16/04/19		2.5	-5.4
						10/05/19		2.7	-5.2
						19/05/19		2.2	-5.7
HD 171780*	HR 6984	18 35 13.51	+34 27 28.88	6.1	B5Ve	20/04/16	25	-9.3	-15.7
						21/04/16		-9	-15.4
						24/05/16		-8.9	-15.3
						25/05/16		-8.7	-15.1
						14/04/19		-2.8	-9.2
						16/04/19		-2.8	-9.4
						12/05/19		-3	-9.4
						04/11/19		-2 (*eia*)	-8.4

As linhas espectrais proeminentes identificadas nos espectros da nossa amostra de estrelas Be são destacadas na Sect. 4.5.1. A Sect. 4.5.2 descreve as principais características espectrais observadas em cada estrela, juntamente com as nossas interpretações. Um estudo comparativo com os dados disponíveis na base de dados BeSS é apresentado na Sect. 4.5.3. A Sect. 4.5.4 discute o nosso estudo da variação epocal da largura equivalente *Ha* (EW) para as estrelas do programa, conforme observado com base nos nossos dados. Nas Sects. 4.5.5 e 4.5.6, é feita uma discussão específica sobre as estrelas que estão a passar por episódios de perda de disco e de formação de disco.

4.5.1 Linhas espectrais proeminentes identificadas na nossa amostra Be

Em primeiro lugar, identificámos as principais características espectrais observadas em cada espetro para todas as 9 estrelas do nosso programa. Descobrimos que a linha *Ha* é visível em emissão de pico simples ou duplo em todos os espectros de 4 estrelas, nomeadamente HD 4180, HD 237056, HD 60855 e HD 171780. Enquanto HD 4180 e HD 237056 mostram *Ha* em emissão de pico único, a emissão de pico duplo de *Ha* é notada em HD 60855 e HD 171780, respetivamente. *Ha* aparece em absorção para as restantes 5 estrelas. O perfil de emissão em absorção (*eia*) para *Ha* também é observado para 3 estrelas: HD 164447 em 8 casos, HD 23302 em 5 ocasiões e HD 171780 apenas uma vez (4 de novembro de 2019). Para além de *Ha*, também detectámos linhas de absorção de Hei 6678 A, SiII 6347, 6371 A ocasionalmente para as estrelas da nossa amostra. Um conjunto de espectros representativos para todas as 9 estrelas mostrando diferentes características espectrais na faixa de comprimento de onda de 6200 - 6700 A é apresentado na Fig. 4.1. Os detalhes das linhas espectrais observadas nas estrelas Be do nosso programa são apresentados na Tabela 4.2. A relação sinal-ruído (SNR) média dos espectros de cada estrela Be usada neste estudo é geralmente superior a 90.

Observámos variações ligeiras a moderadas da EW da emissão Ha para todas as nossas estrelas. A EW de *Ha* para a nossa amostra varia de -0,6 (para HD 33357 em 24 de fevereiro de 2017) a -33,6 A (para HD 4180 em 17 de setembro de 2015). Em

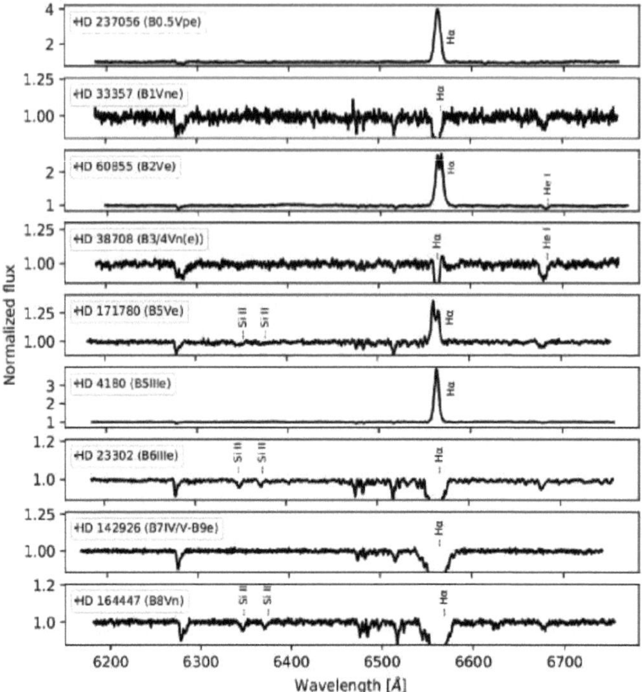

Figura 4.1: Espectros representativos de todas as 9 estrelas da nossa amostra mostrando diferentes características espectrais na faixa de comprimento de onda de 6200 - 6700 A. Verifica-se que enquanto HD 237056 (B0) e HD 4180 (B5) mostram *Ha* em pico único de emissão, HD 60855 (B2) e HD 171780 (B5) exibem *Ha* em pico duplo de emissão. Enquanto V < R no caso de HD 60855, HD 171780 mostra V > R. *Ha* está presente em absorção para as outras 5 estrelas. A linha de absorção HeI 6678 A é visível no caso das estrelas de tipo primitivo HD 60855 e HD 38708, enquanto que as linhas SIII 6347, 6371 A aparecem em absorção no caso de HD 171780, HD 23302 e HD 164447, respetivamente.

Tabela 4.2: Detalhes das linhas espectrais observadas nas estrelas Be do nosso programa. A coluna 3 apresenta a média *Ha* EW para cada estrela, juntamente com os erros associados. As colunas 5, 6 e 7 mostram a presença das linhas HeI 6678 e SIII 6347, 6371 A em todas as datas da nossa observação. Aqui, o símbolo 'a' representa o perfil de absorção.

Nome da estrela	**Tipo de esp.**	**Média H *a EW* (A)**	**Data da observação dd/mm/yr**	Hei **6678 A**	Siii **6347 A**	Siii **6371 A**
HD 4180	B5IIIe	-26.6 ±0.4	17/09/15	x	x	x
			8/12/17	x	x	x
			10/12/17	x	x	x
			26/12/17	x	x	x
			7/01/18	x	x	x
HD 237056	B0,5Vpe	-25.0 ±0.7	27/12/17	x	x	x
			28/12/17	x	x	x
			2/02/18	x	x	x
			1/01/19	x	x	x
			22/01/19	x	x	x
			22/02/19	a	x	x
			23/02/19	a	x	x
HD 23302	B6IIIe	-4.7 ±0.3	24/10/15	x	a	a
			12/02/17	x	a	a
			15/02/17	x	a	a
			16/02/17	x	a	a
			21/11/17	x	a	a
			10/12/17	x	a	a
			27/12/17	x	a	a
			4/01/18	x	a	a
			6/01/18	x	a	a
			8/01/18	x	a	a
Nome da estrela	**Tipo de esp.**	**Média H *a* EW (A)**	**Data da observação dd/mm/yr**	Hei **6678 A**	Siii **6347 A**	Siii **6371 A**
			12/01/18	x	a	a
			1/02/18	x	a	a
			2/02/18	x	a	a
			3/02/18	x	a	a
			4/02/18	x	a	a
			5/02/18	x	a	a
			6/02/18	x	a	a
			2/03/18	x	a	a
			18/02/19	x	a	a
			19/02/19	x	a	a
			21/02/19	x	a	a
			24/02/19	x	a	a
			4Nov19	x	a	a
HD 33357	B1Vne	-1.7 ±0.1	11/02/17	x	x	x
			15/02/17	x	x	x
			24/02/17	x	x	x
			25/02/17	x	x	x
			29/03/17	a	x	x
			6/04/17	a	x	x

nome do alcatrão	Tipo de esp.	Média H *a* EW (A)	Data da observação dd/mm/yr	Hei 6678 A	Siii 6347 A	Siii 6371 A
			20/12/17	a	X	X
			24/12/17	a	X	X
			11/01/18	a	X	X
			2/02/18	a	X	X
			3/03/18	a	X	X
			1/01/19	a	X	X
			4/01/19	a	X	X
			24/01/19	a	X	X
			12/02/19	a	X	X
HD 38708	B3/4Vn(e)	-3.3 ±0.2	28/03/16	a	X	X
nome do alcatrão	**Tipo de esp.**	**Média H *a* EW (A)**	**Data da observação dd/mm/yr**	**Hei 6678 A**	**Siii 6347 A**	**Siii 6371 A**
			16/02/17	a	X	X
			25/02/17	a	X	X
			26/03/17	a	X	X
			30/03/17	a	X	X
			01/04/17	a	X	X
			09/04/17	a	X	X
			08/12/17	a	X	X
			09/12/17	a	X	X
			04/01/18	a	X	X
			13/01/18	a	X	X
			15/01/18	a	X	X
			01/02/18	a	X	X
			02/02/18	a	X	X
			03/02/18	a	X	X
			04/02/18	a	X	X
			05/02/18	a	X	X
			06/02/18	a	X	X
			08/02/18	a	X	X
			01/03/18	a	X	X
			02/03/18	a	X	X
			22/01/19	a	X	X
			23/01/19	a	X	X
			16/02/19	a	X	X
			18/02/19	a	X	X
			19/02/19	a	X	X
			21/02/19	a	X	X
			22/02/19	a	X	X
			24/02/19	a	X	X
			17/03/19	a	X	X

Nome da estrela	Tipo de esp.	Média *Ha* EW (A)	Data da observação dd/mm/yr	Hei 6678 A	SiII 6347 A	SiII 6371 A
			18/03/19	a	X	X
			22/03/19	a	X	X
HD 60855	B2Ve	-8.7 ±0.4	27/03/16	X	X	X
			11/02/17	a	X	X
			13/02/17	a	X	X
			16/02/17	a	X	X
			24/02/17	a	X	X
			25/02/17	a	X	X

Nome da estrela	Tipo de esp.	Média *Ha* EW (A)	Data da observação dd/mm/yr	Hei 6678 A	Peitoril 6347 A	Siii 6371 A
			26/02/17	a	x	x
			25/03/17	a	x	x
			26/03/17	x	x	x
			27/03/17	x	x	x
			29/03/17	x	x	x
			31/03/17	x	x	x
			03/04/17	x	x	x
			06/04/17	x	x	x
			07/04/17	x	x	x
			12/04/17	x	x	x
			13/04/17	x	x	x
			27/04/17	x	x	x
			28/04/17	x	x	x
			30/04/17	x	x	x
			06/05/17	x	x	x
			08/05/17	x	x	x
HD 142926	B7IV/V - B9e	-3.7 ±0.2	26/02/16	x	x	x
			12/04/16	x	x	x
			26/04/16	x	x	x
			27/04/16	x	x	x
			22/05/16	x	x	x
			23/05/16	x	x	x
			24/05/16	x	x	x
			25/05/16	x	x	x
			01/02/18	x	x	x
			13/02/19	x	x	x
			23/02/19	x	x	x
			16/03/19	x	x	x
			12/04/19	x	x	x
			15/04/19	x	x	x
			10/05/19	x	x	x
			21/05/19	x	x	x
HD 164447	B8Vn	-7.1 ±0.3	25/03/16	x	a	a
			20/04/16	x	a	a
			21/04/16	x	a	a
			22/04/16	x	a	a
			22/05/16	x	a	a
			23/05/16	x	a	a
			25/05/16	x	a	a
			30/06/16	x	a	a
			26/03/18	x	a	a
			29/03/18	x	a	a
			14/04/19	x	a	a
			16/04/19	x	a	a
			10/05/19	x	a	a
			19/05/19	x	a	a
HD 171780	B5Ve	-12.2 ±0.3	20/04/16	x	x	x
			21/04/16	x	x	x
			24/05/16	x	a	a

Nome da estrela	Tipo de esp.	Média H *a* *EW* (A)	Data da observação dd/mm/yr	Hei 6678 A	Peitoril 6347 A	Siii 6371 A
			25/05/16	x	a	a
			14/04/19	x	a	a
			16/04/19	x	a	a
			12/05/19	x	a	a
			04/11/19	x	a	a

Em geral, a variação é de 20% para todas as estrelas, quando se comparam os espectros multiepoch de uma estrela. O erro dos nossos valores calculados de *Ha* EW é de 8% nos casos em que o valor da SNR perto da linha *Ha* é > 90. Pelo contrário, nos casos em que o valor da SNR é < 90, o erro é considerado como sendo de 10%. A estrela HD 60855 apresentou um aumento gradual da linha *Ha* EW de -8 para -9,4 A com pequenas flutuações de cada vez. Pelo contrário, uma diminuição gradual *deHa* EW foi encontrada em 3 estrelas, nomeadamente HD 4180 (de -33,6 para -24,5 A), HD 164447 (de -8,5 para -5,7 A) e HD 171780 (de - 15,7 para -8,4 A), respetivamente. O perfil *Ha* observado para cada estrela é descrito mais pormenorizadamente na Sect. 3.2.

Uma vez que ocorre o preenchimento das linhas de absorção da fotosfera, a inspeção visual não é fiável para discernir entre uma estrela que apresenta uma emissão fraca e outra que não apresenta qualquer emissão. Por isso, calculámos primeiro o EW de Ha para todas as nossas estrelas e depois medimos a componente de absorção na linha *Ha a* partir dos espectros sintéticos usando modelos de atmosferas estelares (Kurucz, 1993) para cada tipo espetral. Estimámos o EW *Ha* corrigido para as estrelas do nosso programa seguindo o método descrito na Sect. 3.4.1 de Banerjee et al. (2021). As colunas 9 e 10 da Tabela 4.1 apresentam o EW *Ha* medido e corrigido para todas as 9 estrelas em cada ocasião.

Efectuámos as medições de erro dos EWs de *Ha* utilizando dois métodos diferentes. Primeiro, medimos a área sob a curva para cada caso de estrelas individuais usando tarefas IRAF. Depois, usámos um perfil Voigt para

e medimos os valores de EW de forma semelhante para cada caso. De seguida, calculámos os valores médios para ambos os métodos no caso de estrelas individuais. O desvio padrão encontrado a partir destas medições é considerado como o erro (apresentado na Tabela 4.2).

Para além de *Ha, a* linha de absorção Hei 6678 A é observada em 4 estrelas, nomeadamente HD 237056, HD 33357, HD 38708 e HD 60855. Todas elas pertencem ao tipo espetral B3, o que está de acordo com Banerjee et al. (2021). Enquanto HD 38708 mostra a linha HeI 6678 A em absorção todas as vezes, ela é encontrada ocasionalmente no caso das 3 estrelas restantes. Além disso, as linhas SIII 6347 e 6371 A são observadas em absorção em 5 de 9 estrelas, exceto em HD 4180, HD 237056, HD 33357 e HD 38708. Entre elas, 4 são estrelas Be de tipo tardio, pertencentes aos tipos espectrais B5 e seguintes, enquanto apenas HD 60885 é do tipo B2. Assim, o nosso resultado sugere que as linhas de absorção SIII 6347,

6371 A podem ser comuns em estrelas Be de tipo tardio com tipos espectrais B5 e superiores.

4.5.2 Características espectrais observadas em cada uma das estrelas do nosso programa

Esta subsecção descreve as características espectrais proeminentes observadas em cada uma das estrelas do programa, juntamente com a literatura relevante. Entre as 9 estrelas estudadas neste trabalho, 6 são binários. Também discutimos os aspectos dos nossos espectros obtidos, juntamente com as interpretações previstas através das observações gerais para cada um dos objectos.

HD 4180 (Omi Cas)

HD 4180, ou Omi Cas, é uma estrela Be brilhante e bem estudada, de tipo espetral B5IIIe, com uma velocidade de rotação (vsin *i*) de 220 km s- [1] (Koubsky et al., 2004). Foi descoberta como uma estrela de linhas de emissão durante o estudo de Mount Wilson de estrelas de tipo B e A que mostravam linhas de hidrogénio em emissão nos seus espectros (Merrill & Burwell, 1933). HD 4180 foi classificada e catalogada como uma estrela Be por Jaschek & Egret (1982). Vários autores relataram a variabilidade espetral desta estrela.

Peton (1972) forneceu um bom resumo dos registos históricos das mudanças no perfil da linha *Ha* para HD 4180. A emissão Ha foi vista como tendo aparentemente persistido do início dos anos 1930 ao início dos anos 1950. Hubert-Delplace & Hubert (1979) relataram que esta estrela não mostrou nenhuma emissão Ha de 1953 a 1959. Depois, entre dezembro de 1975 e novembro de 1976, outro episódio de emissão começou e continuou até ao início dos anos 80 (Slettebak & Reynolds, 1978; Andrillat & Fehrenbach, 1982). Em dezembro de 1982, Barker (1983) encontrou a emissão *Ha a* atingir uma intensidade de 2.0 em relação ao continuum.

Curiosamente, HD 4180 também exibe uma correlação entre o brilho da estrela e a força da emissão *Ha* (Koubsky et al., 2004), bem como variações de velocidade radial (Abt & Levy, 1978; Koubsky et al., 2004), e variabilidade fotométrica de curto prazo (Hubert & Floquet, 1998). Abt & Levy (1978) propuseram que se trata de um binário espetroscópico de linha única com um período orbital de 1033 dias.

Quando observado usando o Himalayan Chandra Telescope (HCT) em 03 de dezembro de 2007, descobrimos que seu *Ha* EW corrigido era -39,6 A (Banerjee et al., 2021). Então, até 2018, pudemos obter 5 espectros para esta estrela centrada em *Ha* usando a instalação UAGS em Kavalur. Entre esses 5, um espetro é recuperado das observações feitas em 2015 usando a mesma configuração. A Fig. 4.2 mostra a variação do perfil da linha *Ha* observada para HD 4180 ao longo de uma escala de tempo de 28 meses. *Ha* é visível na emissão em todas as ocasiões de nossa observação, seu *Ha* EW corrigido variando entre -33,6 (17 de setembro de 2015) e -24,5 A (10 de dezembro de 2017). No geral, descobrimos que o seu *Ha* EW diminuiu gradualmente de 17 de setembro de 2015 a 07 de janeiro de 2018, que foi a última data da nossa observação. Isto sugere que a HD 4180 pode estar a sofrer uma perda de disco desde dezembro de 2007, acompanhada por variações moderadas na intensidade da emissão Ha.

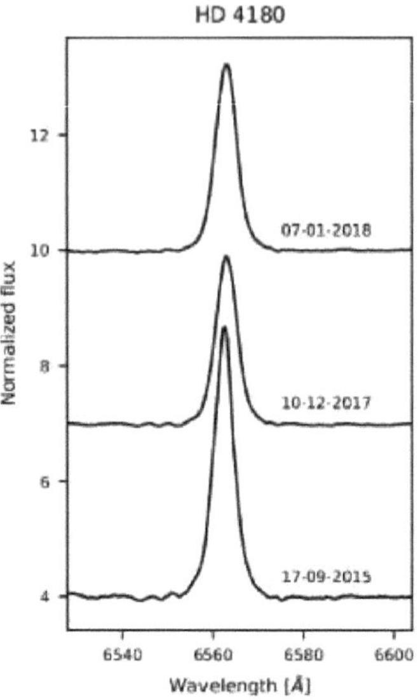

Figura 4.2: Variação do perfil da linha *Ha* observada para o HD 4180 ao longo de uma escala de tempo

de 28 meses.

Para além de *Ha*, as linhas Hei 6678 A e SiII nunca são detectadas nos nossos espectros.

HD 237056 (BD+57 681)

HD 237056 foi identificada como uma estrela de linhas de emissão no estudo de Merrill & Burwell (1949). Foi ainda detectada nos levantamentos de linhas de emissão de Kohoutek & Wehmeyer (1997) e Kohoutek & Wehmeyer (1999). Posteriormente, HD 237056 foi catalogada por Jaschek & Egret (1982) como uma estrela Be. O tipo espetral mais preferido e consistente registado para esta estrela é B0.5V por Steele et al. (1999), Jaschek & Egret (1982) e Morgan et al. (1955). *Ha* foi encontrado em absorção para HD 237056 no espetro elaborado em Steele et al. (1999), com uma variação em EW de 1,4 a 0,6 em diferentes épocas (Barnsley & Steele, 2013).

Usando o HCT, observámos a HD 237056 em 27 de dezembro de 2007 e o seu *Ha* EW corrigido foi de -2,8 A (Banerjee et al., 2021), o que é fraco. Obtivemos então 7 espectros para esta estrela até 2019 de Kavalur. Não se notou muita variação na emissão *Ha* EW durante as nossas observações. A Fig. 4.3 apresenta a variação do perfil da linha *Ha* observada para HD 237056 ao longo de uma escala de tempo de 14 meses. Observa-se que o Ha EW diminui de - 22,8 A em 27 de dezembro de

2017 para -22,5 A em 02 de fevereiro de 2018, aumentando novamente para -28,1 A em 22 de fevereiro de 2019. Nossos resultados, portanto, indicam que o disco desta estrela se formou consideravelmente desde 2007, enquanto atualmente está possivelmente hospedando um disco estável com base em nossas observações usando a instalação Kavalur. Além disso, este pode ser um dos estados com grande *Ha* EW para esta estrela.

Para além de Ha, a intensa absorção de HeI 6678 A também é notada em 22 e 23 de fevereiro de 2019. Curiosamente, descobrimos que a emissão *Ha* EW também foi a mais alta para esta estrela nestas duas datas.

HD 23302 (17 Tau)

Identificada como uma estrela Be no estudo de Merrill et al. (1925) e mais tarde catalogada por Jaschek & Egret (1982), HD 23302 (Electra) é uma das estrelas mais brilhantes do aglomerado das Plêiades (M 45). É considerada membro de um sistema binário espetroscópico (Jarad et al., 1989).

Hubert-Delplace & Hubert (1979) relataram que a linha *Ha* estava sempre em absorção para HD 23302 durante as suas observações de 1955 a 1976, mas com uma variação na força. Slettebak (1982) afirmou que mostrou *Ha* tanto em absorção como em emissão fraca. Observação da linha Ha por Andrillat

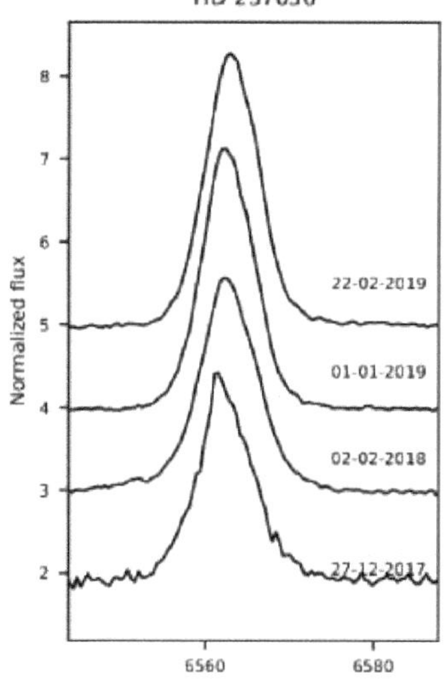

Comprimento de onda [Д]

Figura 4.3: Variação do perfil da linha *Ha* observada para HD 237056 numa escala de tempo de 14 meses.

& Fehrenbach (1982) mostraram um perfil de emissão de pico duplo fraco mas definido. Mais tarde, Saad et al. (2006) classificaram esta estrela como apresentando emissão completamente abaixo do continuum.

Observámos a HD 23302 a 20 de dezembro de 2008, usando HCT e *Ha* exibiu emissão com EW de -7,5 A (Banerjee et al., 2021). Através da instalação Kavalur, obtivemos 22 espectros para esta estrela. *Ha* esteve presente em absorção a maior parte do tempo. A Fig. 4.4 mostra a variação do perfil da linha *Ha* observada para HD 23302 ao longo de uma escala de tempo de 49 meses. Depois de corrigir para a fotosfera estelar subjacente, descobrimos que HD 23302 está mostrando emissão Ha completamente abaixo do continuum até 18 de fevereiro de 2019. Depois disso, *Ha* exibiu emissão no perfil de absorção com pico duplo, com pequena variação no EW. Em todas as épocas de nossas observações, o EW de *Ha* corrigido para esta estrela variou de -3,3 (12 de fevereiro de 2017) a -7,5 A (04 de novembro de 2019). Chegamos a observar que o *Ha* EW estava variando entre -3,3 (12 de fevereiro de 2017) e -5 A (08 de janeiro de 2018) até 02 de março de 2018. Então, desde 18 de fevereiro de 2019, o *Ha* EW é notado para ser maior que -7 A. Tais observações indicam que esta estrela pode estar passando por um episódio de formação de disco nas épocas atuais.

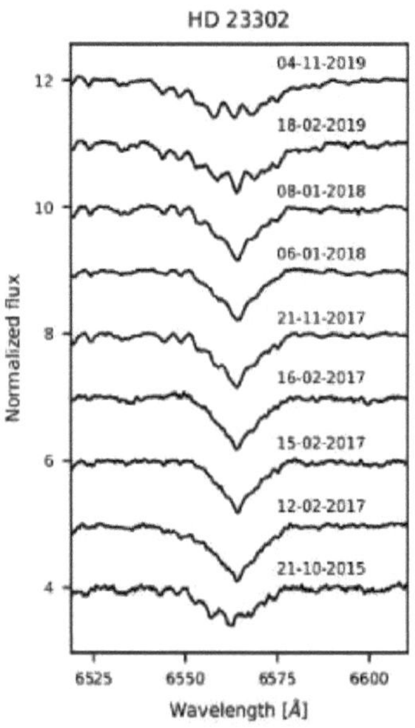

Figura 4.4: Variação do perfil da linha *Ha* observada para HD 23302 ao longo de um

prazo de 49 meses.

Além disso, as linhas SiII 6347 e 6371 A são visíveis em absorção em todas as ocasiões, desde a primeira data de observação (24 de outubro de 2015). A linha HeI 6678 A nunca foi detetada.

HD 33357 (SX Aur)

Descoberta como uma estrela variável por Leavitt & Pickering (1907), HD 33357 é um binário eclipsante com componentes dos tipos espectrais B3V e B5V e um período de 1.210 dias (Avvakumova et al., 2013). Foi listada no catálogo de estrelas de linha de emissão *Ha* de Wackerling (1970), Kohoutek & Wehmeyer (1997), Kohoutek & Wehmeyer (1999) e mais tarde no catálogo de estrelas Be de Jaschek & Egret (1982). No entanto, a partir da análise dos dados do IUE, Peters et al. (1985) não encontraram evidências de um envelope circunstelar.

Ozturk et al. (2014) modelaram os parâmetros orbitais e estelares deste sistema e concluíram que o sistema é um exemplo raro de um par binário na fronteira entre as fases semi-destacada e de contacto com os componentes primário e secundário com tipos espectrais de B2V e B4V, respetivamente. Além disso, determinaram que o período orbital está a aumentar a uma taxa de 0,0055 s yr^{-1} como resultado dc uma transferência de massa não conservadora da componente secundária para a primária.

A observação de Banerjee et al. (2021) usando HCT em 06 de janeiro de 2009 mostrou que *Ha* estava presente em emissão fraca (EW corrigido era -0,6 A). Usando a instalação Kavalur, pudemos obter 15 espectros para esta estrela até 2019. A Fig. 4.5 apresenta a variação do perfil da linha *Ha* observada para HD 33357 ao longo de uma escala de tempo de 24 meses. *Ha* estava aparentemente presente em absorção em todas as ocasiões. No entanto, foi detectada uma variabilidade interessante da linha *Ha* EW para esta estrela. Após correção para a fotosfera estelar subjacente, verificou-se que a emissão Ha existe abaixo do continuum. O EW corrigido de Ha variou entre -1,4 (03 de março de 2018) e -3,1 A (24 de janeiro de 2019), respetivamente. Isso implica que o HD 33357 pode ser um emissor fraco por natureza, possuindo um disco estável nas épocas atuais. Além disso, uma diminuição gradual de *Ha* EW ocorreu de 11 de fevereiro de 2017 (-2,1 A) até 25 de fevereiro de 2017

(-0.9 A). Depois, desde 29 de março de 2017, verificou-se que o *Ha* EW permanecia acima de -1 A.

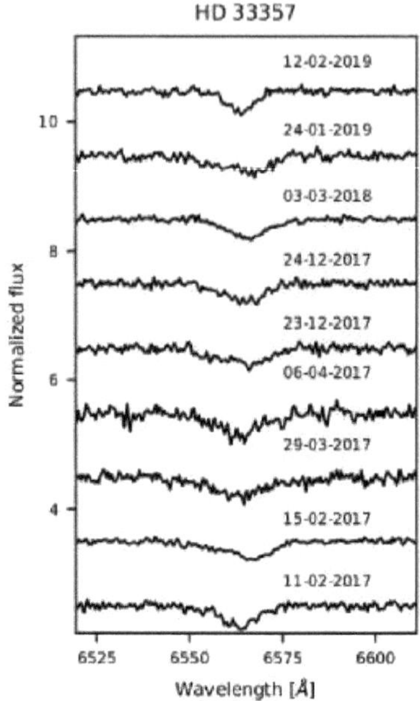

Figura 4.5: Variação do perfil da linha *Ha* observada para HD 33357 ao longo de um

prazo de 24 meses.

Para além de *Ha*, a linha HeI 6678 A está presente na absorção a partir de 29 de março de 2017 e é visível em todas as ocasiões a partir de agora. As linhas SIII nunca são encontradas.

HD 38708 (V438 Aur)

HD 38708 foi catalogada como uma estrela de concha B3pe por Jaschek & Egret (1982) e Kohoutek & Wehmeyer (1997). Visto quase na borda, HD 38708 é um excelente exemplo de uma estrela de concha.

Através do HCT, observámos esta estrela a 02 de dezembro de 2008 e *Ha* estava presente em emissão fraca (com EW corrigido de -2,3 A) (Banerjee et al., 2021). Usando a instalação Kavalur, obtivemos 31 espectros até 22 de março de 2019. A Fig. 4.6 apresenta a variação do perfil da linha *Ha* observada para HD 38708 ao longo de uma escala de tempo de 36 meses. *Ha* foi notado na absorção que gradualmente se tornou mais intensa desde 15 de janeiro de 2018. Isso pode ser indicativo do fato de que a estrela pode estar se movendo em direção a uma fase de perda de disco. No entanto, foi detectado que a emissão *Ha* existe abaixo do continuum em todos os casos após a correção para a fotosfera estelar subjacente. O *Ha* EW corrigido varia de -2,3 (12 de dezembro de 2017) a -4,6 A (06 de fevereiro de 2018) com uma variação moderada em todas as ocasiões, sugerindo que o HD 38708 pode ser um emissor fraco por natureza.

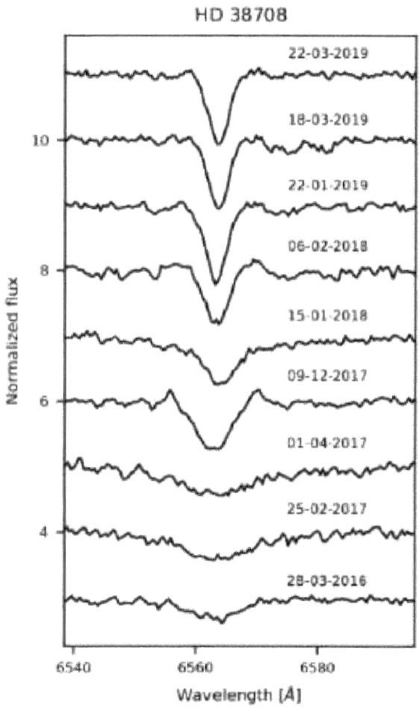

Figura 4.6: Variação do perfil da linha *Ha* observada para HD 38708 ao longo de um

prazo de 36 meses.

Para além de Ha, a linha Hei 6678 A é observada em absorção em todas as datas. Nenhuma linha SIII é encontrada em nenhum caso.

HD 60855 (V378 Pup)

HD 60855 foi listada no catálogo de estrelas de linha de emissão *Ha* de Merrill & Burwell (1943). É catalogada como uma estrela B2Ve por Jaschek & Egret (1982). As linhas de Balmer shell foram identificadas por Abt & Cardona (1983), a partir das quais eles estimaram um tipo espetral de B4IIIn. Samus et al. (2009)

identificaram-no como um sistema eclipsante do tipo beta Lyrae. Além disso, HD 60855 tem uma dupla companheira visual de tipo espetral A0V (Abt & Cardona, 1983).

Curiosamente, a nossa observação desta estrela em 11 de janeiro de 2008 com o HCT mostrou *Ha* em absorção com um EW de 4,9 A (Banerjee et al., 2021). Esta foi a primeira deteção de um estado sem disco exibido por HD 60855. Assim, estando interessados em investigar esta estrela com mais frequência, obtivemos 22 espectros da mesma em Kavalur. Verifica-se que *Ha exibe um* perfil de emissão de pico duplo em todos os casos com EW corrigido variando entre -8 (27 de março de 2016) e -9,4 A (08 de maio de 2017). A variabilidade V/R também é notada para esta estrela. A variabilidade V/R é um tipo interessante de variação de longo prazo frequentemente observada em estrelas Be que exibem perfil de emissão de pico duplo das linhas *Ha*, *Hв* e *HY* (por exemplo, Mon et al., 2013; Mennickent et al., 1997; Mennickent & Vogt, 1991a; Pavlovski & Schneider, 1990; Baade, 1982, 1979; McLaughlin, 1962). Embora pequenas variações de *Ha* EW sejam detectadas de cada vez, a presença de um disco estável orbitando esta estrela durante a década atual é confirmada pelas nossas observações. No entanto, o nosso estudo usando dados multi-epoch também revela que HD 60855 passou por um episódio sem disco durante o passado recente. O disco não estava presente quando a observámos em 2008. A Fig. 4.7 apresenta a variação do perfil da linha *Ha* observada para o HD 60855 numa escala de tempo de 15
meses.

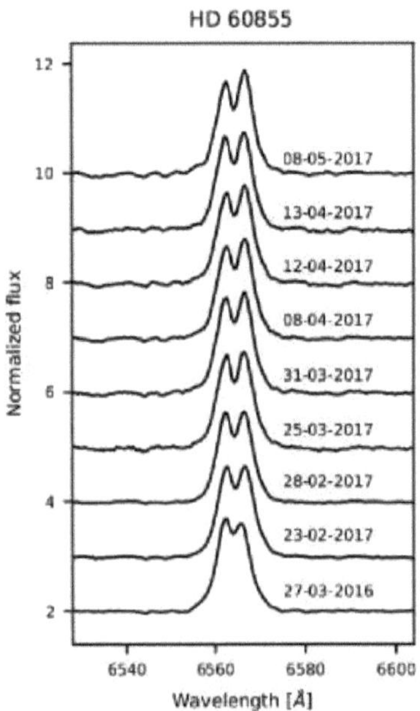

Figura 4.7: Variação do perfil da linha *Ha observada* para HD 60855 ao longo de um

prazo de 15 meses.

Além disso, as linhas de absorção SiII 6347, 6371 A foram detetadas em todas as 22 ocasiões. A linha de absorção HeI 6678 A também apareceu em 11 de fevereiro de 2017 e foi visível até 25 de março de 2017. Depois desapareceu em 26 de março de 2017 e nunca mais foi detectada. As linhas SIII nunca foram detetadas.

HD 142926 (4 Her)

HD 142926 foi reconhecida como uma estrela Be por Hcard (1939), e mais tarde catalogada por Jaschek & Egret (1982). Considerada como um binário espetroscópico por Plaskett et al. (1922) e mais tarde confirmada por Harmanec et al. (1976) e Koubsky et al. (1997), esta é uma estrela Be bem conhecida e frequentemente observada. Vários autores estimaram o seu tipo espetral como estando entre as estrelas B7IV-V e B9e (Koubsky et al., 1997).

Esta estrela mostrou variações de longo prazo no espetro ótico, como relatado por vários autores como Hubert (1971), Harmanec et al. (1976), Hubert-Delplace & Hubert (1979) e Koubsky et al. (1994). Hubert (1971) relatou mudanças espectrais notáveis da estrela, que ocorreram entre 1953 e 1970. Ele descobriu que HD 142926 se assemelhava ao espetro de uma estrela normal do tipo B de 1953 a 1963, sem emissão *Ha* visível. As linhas de Balmer começaram a surgir em 1963, e a partir de 1965, um núcleo de concha na emissão *Ha foi* visível juntamente com linhas de concha metálicas invulgarmente largas (Hubert, 1971). Ele concluiu ainda que a emissão Balmer poderia aparecer e desaparecer periodicamente, com um período entre 28 e 43 anos. Assim, foram identificados dois períodos de duração diferente em que a emissão *Ha* esteve ausente (1948-1963, 1987-1991) (Koubsky et al., 1994). Hubert (1971) sugeriu que as linhas de casca de HD 142926 não são típicas de uma estrela de casca. Nos últimos anos, Rivinius et al. (2006) relataram um decréscimo de *Ha* EW de -6 para -1 A do início de 1997 a meados de 1999, seguido de um aumento para -5,5 A, após o qual permaneceu inalterado até o início de 2003. Além disso, Bhat et al. (2016) observaram esta estrela exibindo *Ha* EW entre -6,4 e -8,6 A num período de seis meses em 2009. Isto mostrou que a sua *Ha* EW aumentou em comparação com o que foi observado por Rivinius et al. (2006).

Um total de 16 espectros de HD 142926 foram obtidos por nós usando a instalação Kavalur. *Ha* está presente em absorção em todas as ocasiões. A Fig. 4.8 apresenta a variação do perfil da linha *Ha* observada para esta estrela numa escala de tempo de 24 meses. No entanto, após a correção da componente de absorção, verifica-se que *Ha* EW varia de -5,2 em 12 de abril de 2016 para -1,6 A em 10 de maio de 2019. Este valor é semelhante à diminuição registada entre 1997-1999, após um intervalo de cerca de 20 anos. Assim, os nossos resultados podem ser sugestivos do facto de HD

142926 pode estar a perder gradualmente o seu disco.

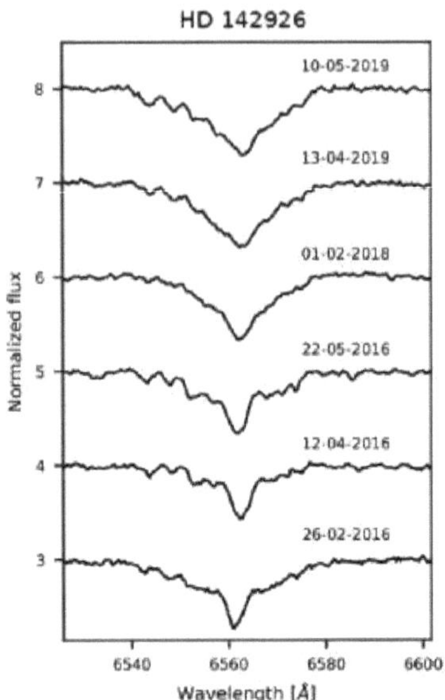

Figura 4.8: Variação do perfil da linha *Ha observada* para HD 142926 durante um período de

prazo de 24 meses.

Não são detectadas outras linhas metálicas em qualquer data para além de *Ha* para esta estrela.

HD 164447 (V974 Her)

Merrill & Burwell (1933) descobriram que HD 164447 era uma estrela de linha de emissão durante o estudo de Mount Wilson. Depois, Merrill & Burwell (1949) mencionaram o pico duplo bem marcado de *Ha* observado em maio de 1947. No entanto, Jaschek et al. (1969) não detectaram qualquer emissão em abril de 1967 e também afirmaram que esta estrela tinha uma concha em 1953, que desapareceu em 1959 (Slettebak, 1966; Ringuelet-Kaswalder, 1968). Mais tarde, Svolopoulos (1976) também não observou qualquer emissão na região de Balmer em 1971. Ele forneceu o EW das linhas de *Hβ* a H16 que eram visíveis em absorção. Posteriormente, Jaschek & Egret (1982) classificaram-na como uma estrela Be de tipo espetral B8Vne. Briot (1986) classificou HD 164447 como uma estrela de emissão fraca, do tipo shell.

Obtivemos 14 espectros desta estrela de Kavalur e *Ha* parecia estar em absorção em todos os casos. No entanto, o EW de *Ha* corrigido foi determinado para variar entre -8,4 (25 de março de 2016) e -5,2 A (10 de maio de 2019). O *Ha* EW permaneceu acima de -8 A durante todas as 8 épocas de observações em 2016, com algumas pequenas variações. Além disso, em todas essas 8 ocasiões (de 25 de março a 30 de junho de 2016), o pico duplo *Ha* é visível na emissão no perfil de absorção. Em seguida, detectamos uma diminuição considerável *deHa* EW quando HD 164447 foi novamente observado em 26 de março de 2018 (-5,3 A). Daí em diante, esta estrela mostrou uma fase de menor *Ha* EW (-5,3 a -5,7 A) de 26 de março de 2018 a 19 de maio de 2019, a última data de nossa observação. Isso é claramente visível na Fig. 4.9, que apresenta a variação do perfil da linha *Ha* observada para HD 164447 ao longo de uma escala de tempo de 43 meses. Assim, o nosso estudo sugere que o disco de HD 164447 pode estar a dissipar-se em épocas recentes.

Além disso, as linhas de absorção SIII 6347, 6371 A também estão presentes a partir de 25 de março de 2016. A linha HeI 6678 A não foi observada em nenhuma data.

HD 171780 (HR 6984)

HD 171780 foi identificada pela primeira vez como uma estrela com linhas de emissão de hidrogénio durante o estudo de Merrill & Burwell (1943) e foi subsequentemente listada como uma estrela Be no catálogo de Jaschek & Egret (1982). Andrillat et al. (1988) relataram que esta estrela passa da fase Be - B. Mais tarde, Jaschek et al. (1993) observaram HD 171780 quando ela estava na fase B. Num estudo separado, Moujtahid et al. (1998) mencionaram que se tratava de uma estrela variável B - Be de tipo espetral B5Vne com emissão moderada. Posteriormente, Hummel & Vrancken (2000) não detectaram qualquer variabilidade nas linhas de hidrogénio desta estrela.

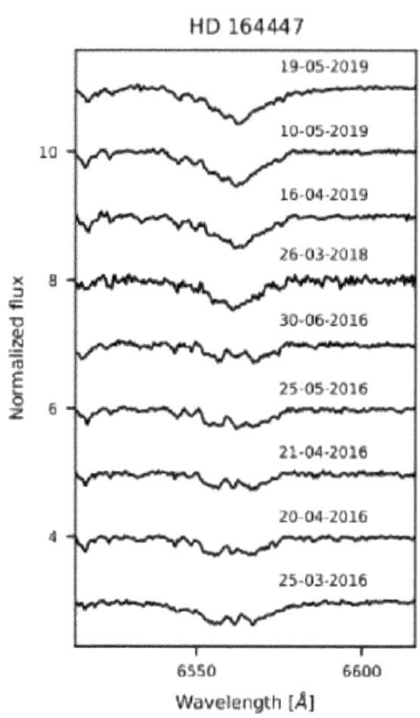

Figura 4.9: Variação do perfil da linha *Ha* observada para HD 164447 ao longo de

um

prazo de 43 meses.

Mais tarde, Saad et al. (2006) notaram um pico duplo de emissão *Ha* para HD 171780.

Obtivemos 8 espectros de HD 171780 através da instalação de Kavalur e notamos emissão de emissão de pico duplo de *Ha* em todas as ocasiões. A intensidade da emissão mostrou uma diminuição contínua com *Ha* EW sendo -15,7 A em 20 de abril de 2016, que diminuiu para -8,4 A em 04 de novembro de 2019. Isso pode ser um indicador de que esta estrela também, como HD 164447, está perdendo seu disco gradualmente. Além disso, a variabilidade V/R também é notada para HD 171780. A Fig. 4.10 apresenta a variação do perfil da linha *Ha* observada para HD 171780 ao longo de uma escala de tempo de 44 meses.

Para além de *Ha*, as linhas de absorção das linhas SiII 6347 e 6371 A tornaram-se visíveis em 24 de maio de 2016 e depois desapareceram permanentemente. HeI

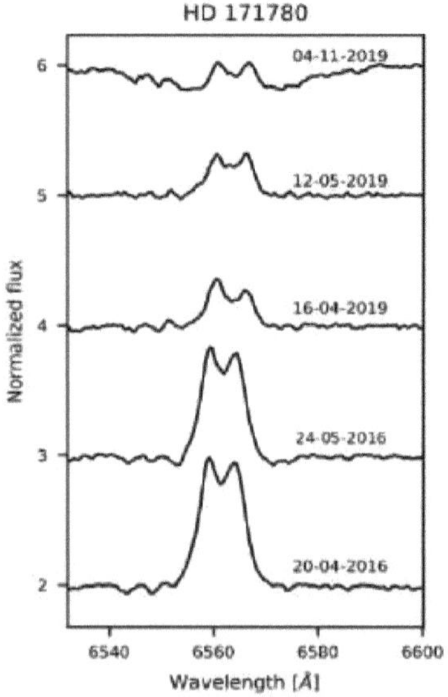

Figura 4.10: Variação do perfil da linha *Ha* observada para HD 171780 ao longo de um

prazo de 44 meses.

6678 Uma linha não é visível em nenhuma instância.

4.5.3 Estudo comparativo com dados da base BeSS

Consultámos a base de dados BeSS (Neiner et al., 2011) para verificar o perfil da linha *Ha* para todas as estrelas do nosso programa. Encontrámos vários espectros para cada estrela obtidos por diferentes astrónomos amadores na base de dados

BeSS. Embora a maioria dos espectros coincidam com os perfis *Ha* observados por nós através do instrumento UAGS de Kavalur, alguns perfis interessantes também foram encontrados nesta base de dados perto da nossa época de observações.

Um caso interessante foi observado quando procurámos a estrela HD 60855 no BeSS. Já mencionámos que esta estrela mostrou *Ha* em absorção com um EW de 4,9 A quando a observámos com HCT em 11 de janeiro de 2008 (Banerjee et al., 2021). No entanto, *Ha* estava presente no perfil de emissão de duplo pico no espetro obtido pelo astrónomo amador Guarro Flo em 15 de março de 2008 (NEWTON 254 - LHIRES-B12t - AUDINE 403) a partir de um local em Espanha. Um perfil semelhante é também visto no próximo espetro disponível na base de dados BeSS (17 de março de 2009; C. Buil; C11 eShel QSI532) que foi obtido em Castanet, França. *Ha permaneceu* no perfil de emissão de duplo pico em todos os outros 10 espectros desde 2015, obtidos por diferentes astrónomos amadores. A partir de 2016, conseguimos obter os espectros desta estrela usando a instalação Kavalur. Como mencionado anteriormente, também encontrámos *Ha* em emissão de duplo pico em todas as ocasiões. Perfil semelhante foi observado até mesmo pelo astrónomo amador Garde (RC400 Astrosib-Eshel-ATIK460EX; França) nos dois espectros cuja data de observação (02 de janeiro e 17 de fevereiro de 2017) coincide com a nossa.

Para outra estrela HD 23302, o astrónomo amador Houpert descobriu que a emissão no perfil de absorção para *Ha* era visível desde 3 de novembro de 2018 (C11-LHIRESIII194-2400t-35-QSI516s; França). Infelizmente, não foi possível obter qualquer espetro desta estrela durante épocas próximas. Mais tarde, usando a instalação Kavalur, também observamos *Ha* em emissão no perfil de absorção quando pudemos observar a estrela novamente em 18 de fevereiro de 2019. A partir de então, HD 23302 exibiu emissão no perfil de absorção de *Ha* até a última data de nossa observação (04 de novembro de 2019). Mais uma estrela, HD 38708 exibiu *Ha* no perfil de casca quando observada pelo astrónomo amador Lester (16 de setembro de 2016; 31cmDK+23um1800lpm+QSI583; Canadá). Não temos os espectros desta estrela em épocas próximas.

4.5.4 Variação epocal da largura equivalente *Ha*

Para verificar a natureza da variabilidade que ocorre nos discos das estrelas do nosso programa, estudámos a EW de Ha para cada uma delas em função das datas de observação correspondentes (em MJD). As Figs. 4.11, 4.12 e 4.13 apresentam a variação epocal do EW de Ha em relação a MJD como observado para todas as 9 estrelas do nosso programa. As linhas verticais nos gráficos representam a barra de erro para cada ponto de dados. Considerámos que o erro dos nossos valores calculados de *Ha* EW está dentro de 8% nos casos em que o valor da SNR perto da linha *Ha* é > 90. Pelo contrário, nos casos em que o valor da SNR é < 90, o erro é considerado como estando dentro de 10%.

A partir da Fig. 4.11, através de inspeção visual, verifica-se que para a estrela HD 237056, *Ha* EW aumentou desde que começámos a observá-la. No entanto, a variação global de *Ha* EW é moderada e mantém-se dentro de 20% quando se comparam os seus espectros multiepoch. Uma tendência semelhante é exibida pela estrela seguinte HD 33357 também. No caso das duas estrelas restantes, HD 38708 e HD 60855, *Ha* EW está novamente a exibir uma variação moderada e permanece dentro de 20%. Embora HD 60855 tenha sido observada após um intervalo de mais de 300 dias (duração entre a primeira e a segunda data das nossas observações, como mencionado na Tabela 4.1), a variação de *Ha* EW mantém-se dentro de 20% em todos os espectros obtidos para esta estrela. As nossas observações indicam, portanto, que estas 4 estrelas podem estar a possuir um disco estável durante os nossos períodos de observação.

Pelo contrário, as estrelas HD 4180, HD 142926, HD 164447 e HD 171780 exibiram uma diminuição geral em *Ha* EW como observado por nós (Fig. 4.12). Assim, as nossas observações podem sugerir que estas 4 estrelas podem estar a passar por episódios de perda de disco nas épocas actuais. Apenas uma estrela da nossa amostra, HD 23302, mostra uma tendência de aumento de *Ha* EW (Fig. 4.13) desde 18 de fevereiro de 2019 (MJD 58532). Isso indica que HD 23302 pode estar passando por uma fase de formação de disco nas épocas atuais.

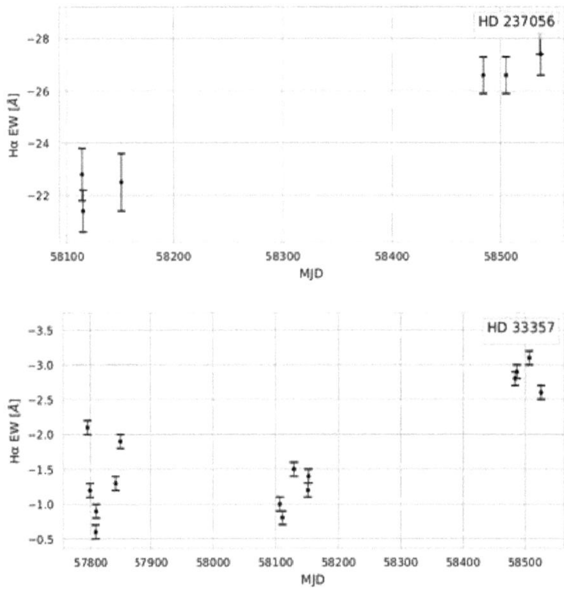

Figura 4.11: Variação epocal da EW de *Ha* em relação ao MJD, observada para as estrelas HD 237056, HD 33357, HD 38708 e HD 60855. As linhas verticais representam a barra de erro para cada ponto de dados. Através de inspeção visual, verifica-se que todas estas 4 estrelas podem estar a possuir um disco estável durante os nossos períodos de observação.

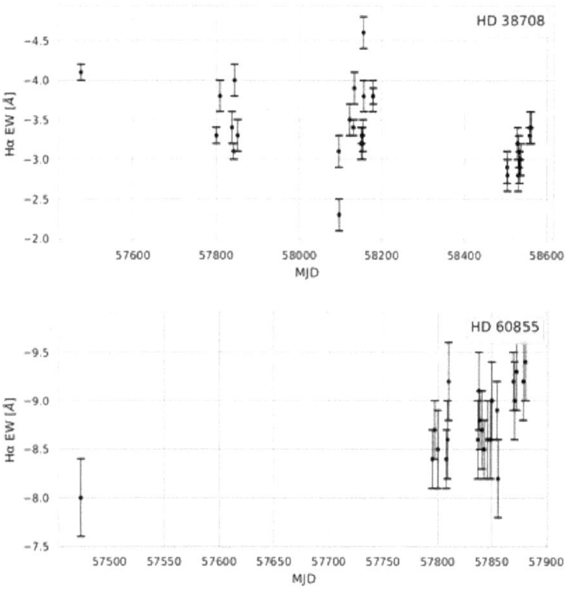

Figura 4.11: Contd.

Assim, com base nas nossas observações, classificámos as estrelas do programa em 3 categorias, i.e., i) Grupo I - aquelas estrelas que possuem um disco estável, ii) Grupo II - estrelas onde a construção do disco ocorre durante o período de observação, e iii) Grupo III - estrelas que sofrem dissipação do disco, como é evidente a partir de uma redução em *Ha* EW durante o período de observação. Verificámos que enquanto 4 estrelas (HD 237056, HD 33357, HD 38708 e HD 60855) pertencem ao Grupo I, HD 23302 pertence ao Grupo II e as restantes 4 estrelas (HD 4180, HD 142926, HD 164447 e HD 171780) pertencem ao Grupo III, respetivamente.

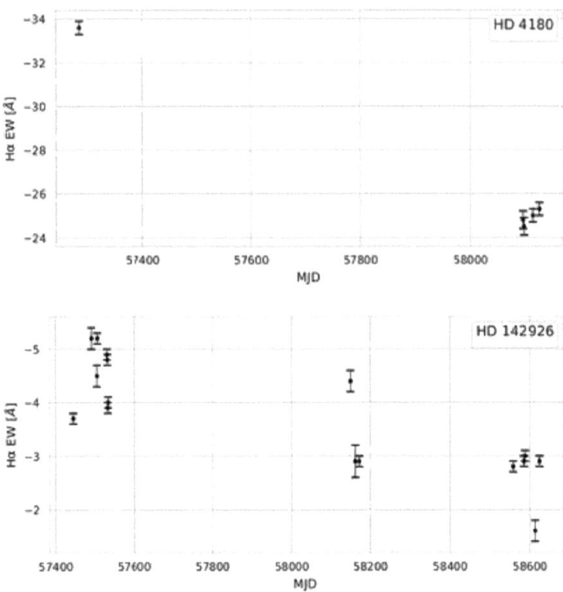

Figura 4.12: Variação epocal do EW de *Ha em* relação ao MJD, como observado para as estrelas HD 4180, HD 142926, HD 164447 e HD 171780. Com base nas nossas observações, verifica-se que todas estas 4 estrelas exibiram um decréscimo geral em *Ha* EW, indicando que podem estar a passar por episódios de perda de disco nas épocas actuais.

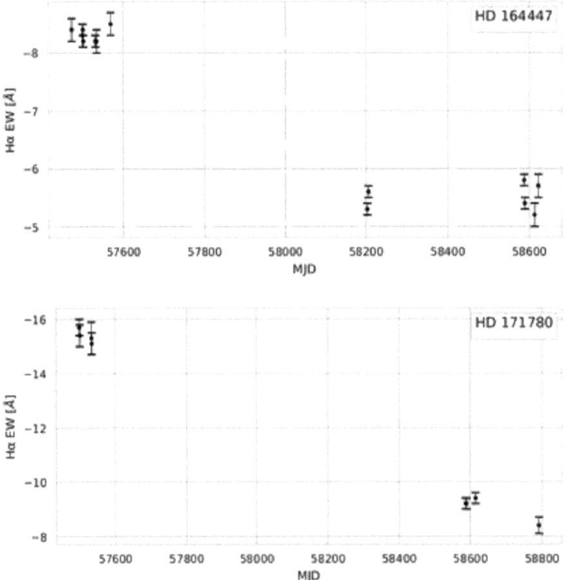

Figura 4.12: Contd.

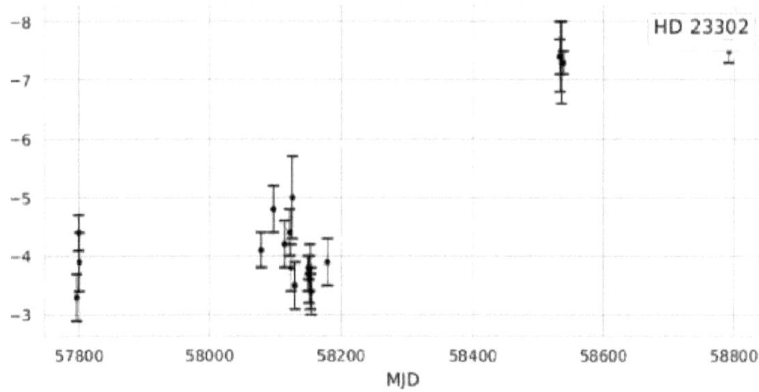

Figura 4.13: Variação epocal do EW de *Ha em* relação ao MJD, conforme observado para a estrela HD 23302. Mostra uma tendência de aumento de *Ha* EW desde 18 de fevereiro de 2019 (MJD 58532). Isso sugere que HD 23302 pode estar passando por uma fase de formação de disco nas épocas atuais.

4.5.5 Estrelas que sofreram episódios de perda de disco

O presente estudo ajudou-nos a identificar a natureza transitória do disco de 9 estrelas Be galácticas seleccionadas. Os nossos resultados indicam que 4 destas 9 estrelas, HD 4180, HD 142926, HD 164447 e HD 171780, estão possivelmente a perder gradualmente o seu disco circunstelar. Examinando cuidadosamente a Tabela 4.1, nota-se que HD 142926 e HD 164447 mostraram essa tendência de dissipação do disco dentro de uma escala de tempo de 37 (abril de 2016 - maio de 2019) e 38 (março de 2016 - maio de 2019) meses, respetivamente. A estrela HD 171780 exibiu essa tendência numa escala de tempo de 43 meses (abril de 2016 - novembro de 2019), como se pode observar na Tabela 4.1. Infelizmente, não foi possível detetar tal escala de tempo no caso da HD 4180 devido à falta de dados. No entanto, descobrimos que a perda de disco para todas essas 4 estrelas ainda continua, o que é claramente visível na Tabela 4.1.

4.5.6 Estrela com episódio de formação de disco

Outra estrela, HD 60855, mostrou sinais de possuir um disco estável em épocas recentes. No entanto, depois de comparar com Banerjee et al. (2021) e a base de dados BeSS, conseguimos detetar que esta estrela passou por um episódio sem disco durante janeiro de 2008. O disco não estava presente quando a observámos em 2008 com HCT (Banerjee et al., 2021). Então, durante as nossas actuais datas de observação, verificou-se que *Ha exibia* um perfil de emissão de pico duplo em todos os casos, com uma pequena variação de -8 a -9,4 A, que é cerca de 20% do valor médio. A seguir, a partir da base de dados BeSS, encontrámos um espetro desta estrela, obtido em 15 de março de 2008, que exibia *Ha* com um perfil de emissão de duplo pico. Assim, o nosso estudo sugere que a formação do disco da

HD 60855 teve lugar numa escala de tempo de apenas 2 meses, entre janeiro e março de 2008.

Possibilidade de explosões de *Ha*

Uma mudança tão forte e invulgar no perfil de *Ha,* de absorção completa para emissão de duplo pico, é de facto um resultado surpreendente. Curiosamente, há casos de explosões de emissão *Ha* no caso de estrelas Be que resultam num aumento súbito *deHa* EW. Uma fração da população conhecida de Be sofre um comportamento de explosão (Froebrich et al., 2023). Por exemplo, Hanuschik et al. (1993) detectaram 4 grandes explosões de *Ha* para a estrela Be do sul HD 120324 (*p* Cen) quando observada durante um período de 200 dias em 1987. Eles descobriram que durante o tempo das explosões a EW de *Ha* aumentou de quase 0 para 2-4 A num período de apenas 2-5 dias. As pulsações foram apresentadas como uma explicação razoável para as explosões de disco no caso de *ji* Cen (Rivinius et al., 1998). Num estudo separado, Ghoreyshi et al. (2018) descobriram que cada erupção da estrela Be em erupção *(0* CMa) dura muitos anos e que as erupções não parecem ser periódicas. Atividades de explosão também foram observadas em outras estrelas Be, como HD 6226 (Richardson et al., 2021), HR 2142, *JI* Eri (Mennickent et al., 1998).

Para além destes, existem alguns estudos importantes que prevêem a fração de estrelas Be que apresentam explosões. Por exemplo, Mennickent et al. (2002) detectaram que 13% da sua amostra de estrelas Be apresentavam explosões. Pelo contrário, o estudo do comportamento fotométrico de 610 estrelas Be usando o levantamento do Kilodegree Extremely Little Telescope (KELT) por Labadie-Bartz et al. (2017) descobriu que 36% da sua amostra de estrelas Be apresentam explosões. Noutro estudo, Labadie-Bartz et al. (2018), a partir do mesmo conjunto de dados, indicou que a fração era de 28%. Em seguida, outro estudo recente de Labadie-Bartz et al. (2022), usando o TESS baseado no espaço, encontrou 31% da população de estrelas Be para exibir "explosões", usando sensibilidade que permitiu a identificação de explosões de amplitude muito menor e duração mais curta do que seria detectado como "explosões" através de fotometria terrestre. No entanto, Bernhard et al. (2018) identificaram uma fração muito maior (73%) da sua amostra de estrelas Be para mostrar "rajadas". Foi demonstrado por Labadie-Bartz et al. (2022) e Bernhard et al. (2018) que existe uma dependência de tipo espetral, com estrelas Be de tipo mais antigo tendo uma frequência mais alta para exibir explosões.

HD 60855 é também uma estrela Be de tipo anterior com um tipo espetral de B2. Por isso, verificámos a literatura para saber se alguma explosão de emissão semelhante foi documentada na literatura para HD 60855 ou não. O nosso objetivo principal foi verificar se a estrela tem alguma história registada que mostre um evento de explosão discreto ou não. Esse comportamento de explosão é recorrente por natureza e foi relatado como algo entre semiregular (Labadie-Bartz et al., 2017; Bernhard et al., 2018) e irregular (Rivinius et al., 2013). As taxas relatadas de tais

explosões são de 0,5-5 por ano para cada estrela Be em explosão. Num estudo recente, Froebrich et al. (2023) descobriram que as explosões de três estrelas Be são de natureza semelhante a uma corcunda e ocorrem em escalas de tempo inferiores a um ano. Eles caracterizaram as três estrelas como "exemplos de estrelas Be com explosões regulares". Verificando a literatura, não encontrámos qualquer relato de qualquer fenómeno de explosão para HD 60855.
A Fig. 4.14 apresenta a variação do perfil de linha *Ha* do HD 60855 a partir das nossas observações e das listadas na base de dados BeSS. O espetro mais baixo mostrado na figura foi obtido por nós usando o instrumento HFOSC montado no HCT em 11 de janeiro de 2008. Mostrou *Ha* abaixo do contínuo e encontrámos *Ha* corrigido EW para ser 4.9 A indicando que o disco não estava presente durante esse período.
A partir da base de dados BeSS, encontrámos outro espetro desta estrela (mostrado no painel do meio da figura) obtido pelo astrónomo amador Guarro Flo (NEWTON 254 - LHIRES-B12t - AUDINE 403) em 15 de março de 2008, que exibiu *Ha* no perfil de emissão de pico duplo. Em seguida, o espetro mais alto apresentado no gráfico foi obtido em 27 de março de 2016 por nós com o instrumento UAGS do telescópio de 1 m do VBO, Kavalur. É visível que *Ha* foi observado como estando num perfil de emissão de pico duplo. Basicamente, notámos *Ha* no perfil *dpe* para esta estrela em todas as ocasiões em que foi observada pela instalação de Kavalur. Este estudo comparativo implica que HD 60855 passou por um episódio de perda de disco durante o passado recente. Nós, portanto, sugerimos que a formação do disco para HD 60855 ocorreu dentro de uma escala de tempo de apenas 2 meses, entre janeiro e março de 2008.
Kee et al. (2016) efectuaram um estudo detalhado da ablação de discos opticamente finos em torno de estrelas luminosas de tipo precoce. Eles descobriram que, para discos opticamente finos de estrelas Be, essa ablação pode causar a destruição do disco numa escala de tempo de meses a anos. Isto está de acordo com os nossos resultados observados. No entanto, é necessária uma análise mais aprofundada usando uma amostra maior para fornecer afirmações conclusivas sobre a formação e dissipação do disco

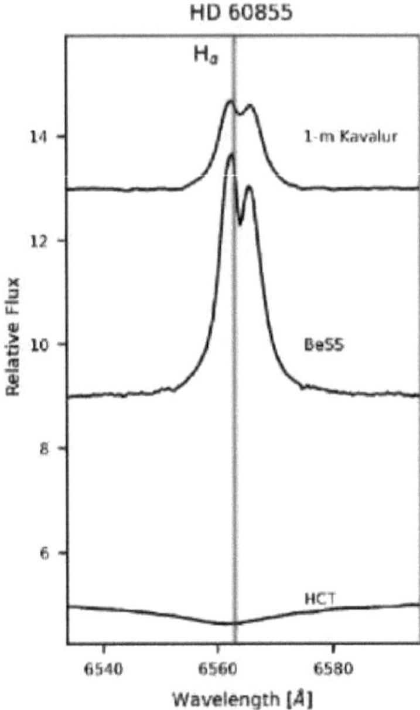

Figura 4.14: Variação do perfil da linha *Ha* observada para HD 60855 por nós em duas ocasiões, com o espetro adicional da base de dados BeSS. O espetro mais baixo aqui mostrado foi obtido por nós usando o instrumento HFOSC montado no HCT em 11 de janeiro de 2008. Mostrou *Ha* abaixo do contínuo e encontrámos *Ha* corrigido EW para ser 4.9 A indicando que o disco não estava presente durante essa época. A partir da base de dados BeSS, encontrámos um outro espetro desta estrela (mostrado neste gráfico no painel do meio) obtido pelo astrónomo amador Guarro Flo (NEWTON 254 - LHIRES- B12t - AUDINE 403) em 15 de março de 2008, que exibia *Ha* no perfil *dpe*. Em seguida, o espetro mais alto aqui apresentado foi obtido em 27 de março de 2016 por nós com o instrumento UAGS do telescópio de 1 m do VBO, Kavalur. É visível que *Ha* foi observado com um perfil *dpe*, embora com uma redução na intensidade quando comparado com o que está listado no BeSS.

em estrelas Be.

4.6 RESUMO

Neste trabalho, estudámos uma amostra de 9 estrelas Be brilhantes seleccionadas, na gama de comprimentos de onda de 6200 - 6700 A, fornecendo uma resolução de 1 A em *Ha*. Todas estas estrelas foram seleccionadas por terem mostrado a linha *Ha* em absorção completa pelo menos uma vez na literatura, indicando que estas estrelas passaram por uma fase sem disco pelo menos uma vez. Os resultados proeminentes que obtivemos estão resumidos abaixo:

- Descobrimos que a linha *Ha* está presente em emissão simples ou de pico duplo (*dpe*) em todos os espectros de cada estrela. A variação moderada de *Ha* EW é notada para todas as estrelas, seu valor variando de -1,4 (para HD 33357 em 03 de março de 2018) a -33,6 A (para HD 4180 em 17 de setembro de 2015). Para além de *Ha*, detectámos ocasionalmente linhas de absorção de HeI 6678 A e SiII 6347, 6371 A para as estrelas da nossa amostra.

- Os nossos resultados sugerem que 4 entre 9 das estrelas do nosso programa (HD 4180, HD 142926, HD 164447 e HD 171780) estão possivelmente a passar por episódios de perda de disco, enquanto que a estrela HD 23302 pode estar a passar por uma fase de formação de disco nas épocas actuais. Outras 4 estrelas (HD 237056, HD 33357, HD 38708 e HD 60855) mostraram sinais de possuir um disco estável em épocas recentes.
- Comparando com o presente estudo e a base de dados BeSS, conseguimos identificar que uma outra estrela, HD 60855, passou por um episódio de discless durante janeiro de 2008. A nossa análise indica que a formação do disco em HD 60855 teve lugar numa escala de tempo de apenas 2 meses, entre janeiro e março de 2008.
- Além disso, detectámos as escalas de tempo de dissipação do disco para 3 das nossas 9 estrelas da amostra. Para as estrelas BD+42 2652, HD 164447 e HD 171780, estimámos as escalas de tempo de dissipação do disco em 37 (abril 2016 - maio 2019), 38 (março 2016 - maio 2019) e 43 meses (abril 2016 - novembro 2019) meses, respetivamente.
- Além disso, o presente estudo indica que 2 das estrelas da nossa amostra, HD 33357 e HD 38708, podem ser emissores *Ha* fracos na natureza, com *Ha* EW sempre inferior a 5 A.
- Finalmente, com base nas nossas observações da variação global do *Ha* EW para todas as 9 estrelas, classificámo-las em 3 categorias, i.e., i) Grupo I - aquelas estrelas que possuem um disco estável, ii) Grupo II - estrelas onde a construção do disco ocorre durante o período de observação, e iii) Grupo III - estrelas que sofrem dissipação do disco, como é evidente a partir de uma redução no *Ha* EW durante o período de observação. Verificámos que enquanto 4 estrelas (HD 237056, HD 33357, HD 38708 e HD 60855) pertencem ao Grupo I, HD 23302 pertence ao Grupo II e as restantes 4 estrelas (HD 4180, HD 142926, HD 164447 e HD 171780) pertencem ao Grupo III, respetivamente.

Capítulo 5

Estimativa da extensão da região de emissão de H α para estrelas Be clássicas seleccionadas

5.1 INTRODUÇÃO

No presente capítulo, estimamos a extensão da região de emissão Ha para duas das 9 estrelas Be da amostra (usadas para o estudo da natureza transiente) que exibiram um perfil de emissão *Ha* de pico duplo, quando observadas por nós usando a instalação de 1 m no VBO, Kavalur. A revisão da literatura mostra uma escassez de estudos que estimam a extensão ou o tamanho da região de emissão da linha *Ha* para estrelas Be. Estudámos as variações V/R observadas nestas duas estrelas e estimámos os parâmetros necessários, que são usados para determinar a extensão da sua região de emissão Ha.

5.2 *Ha* VARIABILIDADE DO PERFIL EM ESTRELAS CLÁSSICAS

A variabilidade nos perfis das linhas espectrais é uma propriedade comummente observada em quase todas as estrelas Be. A linha *Ha* mostra uma grande variedade de formas de perfil em estrelas Be (por exemplo, Banerjee et al. 2021; Barnsley & Steele 2013; Mathew & Subramaniam 2011; Banerjee et al. 2000), variando de emissão com pico simples e duplo a absorção completa, indicando um estado sem disco para essas estrelas. Estas estrelas apresentam nos seus espectros variações de curto prazo, que ocorrem em escalas de tempo de horas a dias (e.g. Porter & Rivinius 2003; Percy et al. 2002; Penrod 1986; Baade 1982), ou variações de longo prazo, que ocorrem em escalas de tempo de anos a décadas (e.g. Banerjee et al. 2022; Miroshnichenko et al. 2002; Mennickent et al. 1994; Mennickent 1991).

Um tipo interessante de variação a longo prazo frequentemente observado nos espectros de estrelas Be é devido à emissão de pico duplo da linha *Ha*. Estas variações são designadas por "variações V/R (violeta-vermelho)" devido à assimetria cíclica mostrada pela alteração da altura dos picos no violeta (V) e no vermelho (R).

componentes do espetro estelar observado. Ocorrendo em escalas de tempo de anos a décadas (Hanuschik et al., 1996), estima-se que as variações V/R são mostradas por cerca de um terço de todas as estrelas Be. A Fig. 5.1 apresenta um diagrama esquemático mostrando como os picos V e R se formam em estrelas Be com ângulos de inclinação intermédios (i.e. i > 0° mas < 90°).

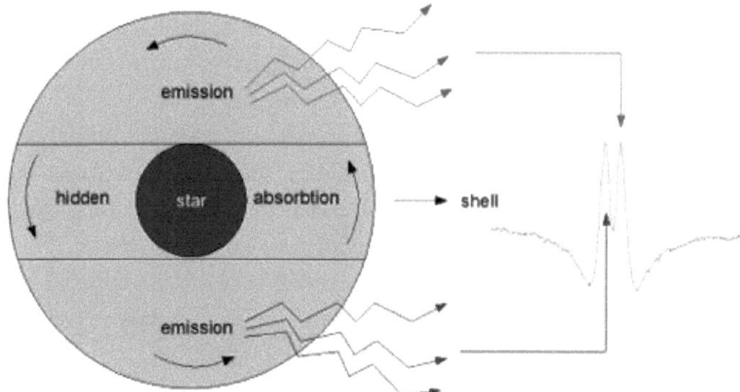

Figura 5.1: Diagrama esquemático mostrando como os picos V e R se formam em

estrelas Be com ângulos de inclinação intermédios (i.e. i > 0° mas < 90°). Nessas estrelas, o pico da linha de emissão *Ha* divide-se em duas componentes, os picos V (na região mais azul) e R (na região vermelha), respetivamente, como mostra a figura. Figura de Kogure & Hirata (1982).
Da mesma forma, a Fig. 5.2 mostra como medir a razão V/R num perfil de emissão de pico duplo de uma estrela Be. A equação seguinte é utilizada para medir os valores V/R para uma estrela Be que apresente um perfil de emissão *Ha de pico duplo*:

$$V/R = (I_V - I_C)/(I_C - I_R) \qquad (5.1)$$

em que I_V é a intensidade relativa do pico V, I_R é a intensidade relativa do pico R e I_C é a intensidade do contínuo, que é sempre igual à unidade após a normalização.

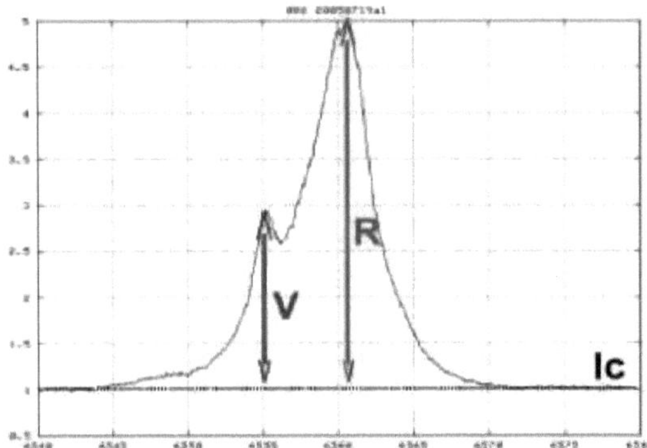

Figura 5.2: Diagrama esquemático mostrando como medir a razão V/R num espetro de pico duplo para uma estrela Be. Figura de https://www.shelyak.com/be-stars/?lang=en

5.3 VARIABILIDADE V/R: ESTUDOS ANTERIORES

O estudo da variabilidade V/R em estrelas Be começou no início da década de 1960. McLaughlin (1962) observou variações V/R em 5 de sua amostra de estrelas Be. Depois, a variabilidade periódica da razão de intensidade V/R foi detectada no caso da estrela Be 28 CMa por Baade (1979, 1982), que explicou que um campo de velocidade fotosférico é responsável por tais mudanças. Okazaki (1986) propôs que as variações V/R a longo prazo das estrelas Be são causadas por oscilações globais de um braço dos envelopes frios do tipo disco. Variações periódicas rápidas na razão V/R foram detectadas no perfil de emissão de duplo pico (*dpe)* da linha *Hy* para a estrela Be EW Lac (HD 217050; Pavlovski & Schneider (1990)). Mennickent & Vogt (1991b) examinaram a variabilidade V/R da linha de emissão *Hв* em 33 estrelas Be do sul. Mais tarde, Telting (2000) fez uma revisão de alguns dos principais estudos sobre variações V/R de estrelas Be.
Num estudo separado, Stefl et al. (2007) analisaram as variações V/R observadas na linha *Ha* para 6 sistemas binários Be, monitorizados durante um período de 8 -

12 anos. Verificaram que as variações V/R em estrelas binárias Be podem estar ligadas ao período orbital, seguindo quase-ciclos de 5 a 10 anos de duração, ou em combinação com as tendências de longo prazo. Verificou-se também que a amplitude e o comprimento do quase-ciclo variam de ciclo para ciclo na maioria das estrelas da amostra. Posteriormente, as variações V/R observadas na estrela da concha EW Lac foram mais exploradas por Mon et al. (2013). Além disso, Bhat et al. (2016) investigaram a variabilidade V/R observada nas estrelas Be 4 Her (estrela shell) e 88 Her.

Estudos exaustivos indicaram que tais variações cíclicas ocorrem devido a uma oscilação de densidade de um braço que precessa no disco (Okazaki, 1991, 1996). Este modelo é designado por "modelo de oscilação global". Os cálculos teóricos efectuados por Okazaki (1996) apoiaram a relevância deste modelo para explicar os períodos observados das razões V/R em estrelas Be. Este modelo de Okazaki (1991) não só validou com sucesso diferentes características observadas de variações V/R em estrelas Be, mas também foi capaz de correlacioná-las com a distribuição de densidade não axissimétrica no envelope circunstelar de qualquer estrela Be. Posteriormente, foi bem sucedido na descrição da variação V/R observada na estrela Be *S* Cen (Hanuschik et al., 1995). Um trabalho posterior de Mennickent et al. (1997) encontrou evidências de oscilações globais prógradas de um braço do disco em estrelas Be. Além disso, o modelo também reproduziu com sucesso as observações espectrofotométricas, interferométricas e polarimétricas da famosa estrela Be *Z* Tauri (Carciofi et al., 2009).

Este modelo de oscilação global enumerou mesmo algumas características-chave da variabilidade V/R a longo prazo observada em estrelas Be, que são as seguintes:

i. O período de tempo para a variabilidade V/R pode variar de alguns anos a décadas, dependendo das características da estrela central.

ii. A média estatística do período de tempo para a variabilidade a longo prazo pode ser de cerca de 7 anos (Copeland & Heard, 1963; Hirata et al., 1981), que é cerca de 1000 - 10.000 vezes mais do que a velocidade de rotação da própria estrela central.

iii. O período de tempo das variações V/R de longo prazo para estrelas Be é independente do tipo espetral da estrela central (Hirata et al., 1981).

iv. O perfil de emissão *Ha de* duplo pico para uma estrela Be desloca-se como um todo para a região mais azul do espetro, quando o pico vermelho (i.e. R) é mais intenso e inverso ao visível (McLaughlin, 1966; Hubert et al., 1987).

O estudo das variações V/R em estrelas Be é útil para estimar a extensão da sua região de emissão Ha. No entanto, a revisão da literatura mostra uma escassez de estudos que estimam a extensão ou o tamanho da região de emissão *Ha* para estrelas Be. Durante o nosso estudo de natureza transiente, verificámos que duas da nossa amostra de 9 estrelas Be, i.e. HD 60855 e HD 171780, apresentavam um perfil de emissão *Ha* de duplo pico. Assim, estudámos as variações V/R observadas nestas duas estrelas e estimámos os parâmetros necessários. Usando os parâmetros medidos, estimámos a extensão da região emissora de *Ha* para estas duas estrelas.

5.4 VARIAÇÕES V/R OBSERVADAS PARA AS ESTRELAS DA AMOSTRA

Nesta secção descrevemos os estudos anteriores realizados sobre as estrelas Be HD 60855 e HD 171780, e discutimos ainda as variações V/R das nossas observações.

5.4.1 HD 60855

HD 60855 exibiu *Ha* em absorção com um EW de 4,9 A quando a observámos usando a instalação HCT (Banerjee et al., 2021). No entanto, nenhuma variabilidade espetral para esta estrela foi observada por Schild (1973) e Mennickent & Vogt (1988). Catanzaro (2013) observou que a componente V de *Ha era* mais intensa do que R (Fig. B.7 no seu artigo) durante as suas observações e classificou-a como uma estrela de classe 2, que inclui estrelas que apresentam picos únicos assimétricos ou um pico dominante com um pico secundário muito mais fraco. Curiosamente, não havia observações multiepoch disponíveis para este objeto na literatura. Isto motivou-nos a investigar esta estrela de uma forma regular e obtivemos 22 espectros usando a instalação Kavalur. A Fig. 5.3 mostra as variações V/R observadas para HD 60855 numa escala de tempo de 15 meses.

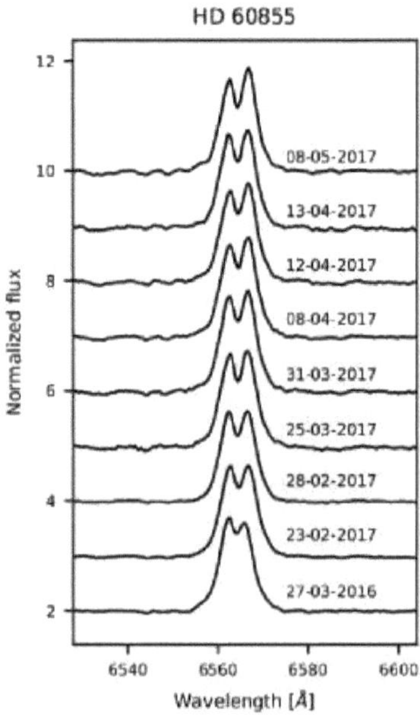

Figura 5.3: Variações V/R observadas no perfil da linha *Ha* para HD 60855 ao longo de uma escala de tempo de 15 meses. Figura de Banerjee et al. (2022).

A Tabela 5.1 lista a variabilidade V/R observada para esta estrela em cada data da nossa observação. A partir da tabela, verifica-se que V foi detectado como sendo maior do que R apenas na primeira data da nossa observação, ou seja, 27 de março de 2016. A partir daí, V foi detectado como sendo menor do que R e assim permaneceu até 08 de maio de 2017, quando observámos a estrela pela última vez. Assim, as nossas observações sugerem que a mudança de V>R para V<R aconteceu numa escala de tempo de 11 meses para esta estrela.

5.4.2 HD 171780

Como mencionado na Sect. 4.5.2, Saad et al. (2006) observaram pela primeira vez um pico duplo de emissão *Ha* para HD 171780. Eles descobriram que o pico V era maior do que o pico R durante esta observação. No entanto, não havia observações multi-epoch disponíveis e, portanto, a variabilidade V/R desta estrela não foi abordada.

Obtivemos 8 espectros da estrela durante o período 2016 - 2019. A Fig. 5.4 representa as variações V/R observadas para HD 171780 ao longo de uma escala de tempo de 44 meses. A variabilidade V/R observada para esta estrela em cada data de nossa observação está listada na Tabela 5.1. As nossas observações mostraram que V permaneceu maior do que R em todas as 4 ocasiões em 2016 e também em 16 de abril de 2019 para esta estrela. Curiosamente, V tornou-se igual a R quando a observámos em 12 de maio de 2019. O mesmo perfil também foi notado em 04 de novembro de 2019, a última data de nossa observação. Nossos resultados indicam, portanto, que para HD 171780, a mudança de V>R para V=R ocorreu em uma escala de tempo de apenas 26 dias.

5.5 ESTIMATIVA DA EXTENSÃO DA REGIÃO DE EMISSÃO *Ha*

O material ejectado da estrela central forma um disco equatorial, gasoso e de decreção em torno de qualquer estrela Be. O raio da região de emissão de qualquer linha particular pode ser estimado através de dois métodos, como explicado em Huang (1972) e Grundstrom & Gies (2006). Enquanto Grundstrom & Gies (2006) usaram valores de fluxo de emissão *Ha* (i.e. EW) para estimar os raios do disco,

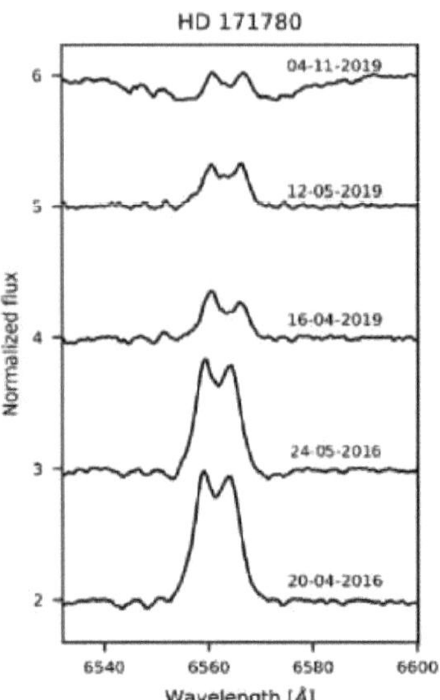

Figura 5.4: Variações V/R observadas no perfil da linha *Ha* para HD 171780 ao longo de uma escala de tempo de 44 meses. Figura de Banerjee et al. (2022).

o método descrito por Huang (1972) baseia-se na separação entre os picos duplos do perfil da linha *Ha*.

Nesta secção, estimamos a extensão da região de emissão *Ha* de HD 60855 e HD 171780. Se Av é a separação entre os picos V e R do perfil *Ha de pico* duplo, o raio de emissão é calculado usando a seguinte equação (adoptada de Bhat et al. 2016):

$$R_d/R_\star = (2 \times vsini/\triangle v)^{1/j} \qquad (5.2)$$

A extensão da região de emissão *Ha*, i.e. *Rd*, é estimada em termos do raio estelar, i.e. $R*$, assumindo que a região está numa órbita Kepleriana em torno da estrela (Huang, 1972). R_d é também estimado para uma órbita não-Kepleriana alterando o parâmetro de rotação] de 0,5 para 1. Os valores de *Rd/R** estimados usando o Av medido em cada ocasião estão listados na Tabela 5.1.

Os valores da velocidade de rotação (*vsini*) das estrelas Be são geralmente estimados usando as linhas de absorção HeI na região azul (4000 - 5000 A) do espetro. Devido à indisponibilidade do espetro nesta região, retirámos da literatura os valores de (*vsini*) para ambas as estrelas. Para a estrela HD 60855, Jaschek & Egret (1982) estimaram o valor de vsin *i em* 240 km s^{-1} . Moujtahid et al. (1998) reportaram o valor de vsin *i* para HD 171780 como sendo 310 km s^{-1} .

Seguindo a equação 5.1, verificámos que o raio da região de emissão *Ha* para HD 60855 varia entre 5,8 - 9,5 $R*$. Para a estrela HD 171780, o valor *Rd/R** varia entre 5,1 - 8,2 $R*$ durante o nosso período de observações. Assumimos uma rotação

Kepleriana (i.e. j = 0.5) para ambos os casos. No entanto, os valores de *Rd/R* para estas duas estrelas em todas as datas de observações também são calculados considerando uma rotação não Kepleriana (i.e. j = 1) dos seus discos. Os valores de *Rd /R* para ambas as* estrelas em cada ocasião estão listados nas Colunas 8 e 9 da Tabela 5.1.

Curiosamente, observa-se na tabela que o tamanho do disco foi reduzido para ambas as estrelas durante o nosso período de observação. Para HD 60855, a extensão da região de emissão *Ha* varia entre 5,8 e 9,5 *R**. O valor mais alto de 9,5 *R** é exibido em 27 de março de 2016, respetivamente. Depois, em todas as outras datas, o valor *Rd/R** é inferior a 8,3 *R**. Em geral, podemos observar que o valor *Rd /R** mostra uma tendência para diminuir gradualmente a partir de 12 de abril de 2017. Atingiu o valor mínimo de 5,8 *R** nas nossas duas últimas datas de observação, ou seja, 06 e 08 de maio de 2017. Assim, esta estrela mostrou uma diminuição na extensão da região de emissão *Ha* de 9,5 para 5,8 *R ** de 27 de março de 2016 a 08 de maio de 2017, ou seja, dentro de uma escala de tempo de 14 meses. No entanto, uma diminuição de 7,8 para 5,8 *R* ocorreu numa escala* de tempo de apenas 32 dias, ou seja, de 07 de abril a 08 de maio de 2017.

Tabela 5.1: Variações V/R observadas para as estrelas HD 60855 e HD 171780.

As colunas 3 a 7 apresentam uma lista dos valores medidos de *Ic, IV, IR,* V/R e da sepração de pico (Av) para todas as datas das nossas observações. As colunas 8 e 9 apresentam os valores estimados de *RdR* em cada ocasião, considerando j = 0,5 e 1, respetivamente.

Nome	Observação data	*Ic*	*IV*	*IR*	V/R	A v (km/s)	*Rd R* (j=0,5)	Rd/R (j=1)
HD 60855	27/03/16	1.05	2.69	2.6	1.06	156	9.5	3.1
	11/02/17	1.06	2.5	2.57	0.95	190	6.4	2.5
	13/02/17	1.07	2.5	2.56	0.96	195	6.1	2.5
	16/02/17	1.08	2.61	2.63	0.99	175	7.5	2.7
	24/02/17	1.05	2.6	2.63	0.98	187	6.6	2.6
	25/02/17	1.05	2.61	2.65	0.98	190	6.4	2.5
	26/02/17	1.05	2.61	2.66	0.97	190	6.4	2.5
	25/03/17	1.03	2.68	2.73	0.96	176	7.4	2.7
	26/03/17	1.03	2.68	2.73	0.96	176	7.4	2.7
	27/03/17	1.05	2.75	2.8	0.97	176	7.4	2.7
	29/03/17	1.06	2.65	2.76	0.94	167	8.3	2.9
	31/03/17	1.06	2.65	2.76	0.94	168	8.2	2.9
	03/04/17	1.12	2.58	2.73	0.91	168	8.2	2.9
	06/04/17	1.06	2.71	2.79	0.95	174	7.6	2.8
	07/04/17	1.08	2.69	2.81	0.93	172	7.8	2.8
	12/04/17	1.04	2.63	2.78	0.91	188	6.5	2.6
	13/04/17	1.04	2.63	2.78	0.91	188	6.5	2.6
	27/04/17	1.06	2.67	2.84	0.9	192	6.3	2.5
	28/04/17	1.06	2.67	2.84	0.9	194	6.1	2.5
	30/04/17	1.07	2.67	2.79	0.93	197	5.9	2.4
	06/05/17	1.04	2.65	2.82	0.9	200	5.8	2.4

Nome	Observação data	*Ic*	*IV*	*IR*	**V/R**	**A v (km/s)**	*Rd R* **(j=0,5)**	*Rd R* **(j=1)**
	08/05/17	1.04	2.68	2.88	0.89	199	5.8	2.4
HD 171780	20/04/16	1.02	1.98	1.94	1.04	215	8.3	2.9
	21/04/16	1	1.8	1.7	1.14	220	7.9	2.8
	24/05/16	1	1.8	1.7	1.14	220	7.9	2.8
	25/05/16	1	1.76	1.7	1.09	216	8.2	2.9
	14/04/19	1.02	1.36	1.26	1.42	232	7.1	2.7
	16/04/19	1.04	1.35	1.27	1.35	245	6.4	2.5
	12/05/19	1	1.31	1.31	1.0	269	5.3	2.3
	04/11/19	1.02	1.01	1.01	1.0	274	5.1	2.3

Para a outra estrela HD 171780, a extensão da região de emissão *Ha* varia entre 5,1 e 8,3 R^*. O valor mais alto de 8,3 R^* é exibido em 20 de abril de 2016, respetivamente. Da mesma forma, o valor mínimo de 5,1 R^* é exibido em 04 de novembro de 2019, ou seja, a última data de nossa observação. Uma tendência um tanto semelhante de diminuição geral no tamanho da região de emissão *Ha* (como a de HD 60855) também é observada para esta estrela. Ele mostrou uma diminuição no raio do disco de 7,1 para 5,1 R * de abril de 2019 a novembro de 2019, ou seja, dentro de uma escala de tempo de cerca de 7 meses.

5.6 ESTUDO COMPARATIVO COM A LITERATURA

A partir de uma pesquisa exaustiva na literatura, descobrimos que existem alguns estudos que estimaram a extensão da região de emissão *Ha* para estrelas Be usando a técnica semelhante à nossa. Alguns desses estudos que merecem ser mencionados são Paul et al. (2017), Bhat et al. (2016), Slettebak et al. (1992), Dachs et al. (1992) e Hanuschik et al. (1988).

Paul et al. (2017) estudaram duas estrelas Be bem conhecidas, 59 Cyg (f01 Cyg) e OT Gem (HD 58050) e descobriram que a sua região emissora de *Ha variava* entre 8,6 - 11,6 raios estelares (ou seja, R^*, para $R^* = 7\ R_0$) e 1,7 -- 6,9 181
R'', respetivamente, assumindo movimento Kepleriano no disco. Entre estas duas estrelas, 59 Cyg foi confirmada como sendo um binário Be+sdO por Maintz et al. (2005) uma vez que se suspeita que a companheira seja um objeto compacto. Pelo contrário, OT Gem foi classificada como uma estrela não-shell por Hanuschik et al. (1996). Ainda não foram detectados sinais de binaridade para esta estrela. Curiosamente, OT Gem mostrou um decréscimo na região de extensão *Ha* de 6.9 - 1.7 R^* numa escala de tempo de apenas 3 meses, i.e. de 04 de fevereiro de 2009 a 30 de abril de 2009.

Noutro trabalho, Bhat et al. (2016) estudaram duas estrelas Be binárias, 4 Her e 88 Her, e estimaram a extensão da sua região de emissão Ha. Determinaram que o raio da extensão *Ha* para 4 Her e 88 Her varia entre 3,9 - 5,6 e 3,4 - 4,2 R^*, respetivamente, assumindo uma órbita Kepleriana para ambas. Assim, concluíram que a região de emissão Ha está muito próxima da estrela em ambos os casos e é mais pequena em tamanho.

Uma amostra maior de estrelas Be foi estudada por autores anteriores, como

Slettebak et al. (1992), Dachs et al. (1992) e Hanuschik et al. (1988). Enquanto Slettebak et al. (1992) estimaram a extensão da região emissora de *Ha* para 28 estrelas Be, Dachs et al. (1992) e Hanuschik et al. (1988) calcularam o mesmo para 23 e 27 estrelas, respetivamente. Slettebak et al. (1992) encontraram o tamanho da região emissora de *Ha* para 59 Cyg como sendo 5,9 $R*$ em 10 de julho de 1989, o que é significativamente menor do que o valor (8,6 - 11,6 $R*$) obtido por Paul et al. (2017) durante julho de 2009.

Pelo contrário, Millan-Gabet et al. (2010) utilizaram um estudo interferométrico para determinar a região emissora de *Ha* da estrela Be HD 143275 (*5* Sco) como 14,9 raios estelares ($R*$, para $R* = 7\ R_0$). Este objeto é identificado como um sistema binário separado por 0.2 arcseconds (Miroshnichenko et al., 2013), com as magnitudes V dos componentes sendo 2.4 e 4.6, respetivamente. A presença de uma terceira companheira associada a este sistema está atualmente em debate (Mason et al., 2014). Estes resultados fornecem uma oportunidade para verificar se a extensão da emissão *Ha* no disco está correlacionada com o tipo espetral da estrela hospedeira ou se é modificada pela influência de uma companheira.

Comparando a nossa estimativa de ~ 5,1 - 9,5 $R*$ para as duas estrelas do programa, podemos também concluir que a região de emissão *Ha* está mais próxima das estrelas centrais para ambas as estrelas da nossa amostra. Além disso, a nossa estimativa sugere que tanto a HD 60855 como a HD 171780 consistem numa menor extensão da região de emissão Ha. Essa menor extensão da região de emissão Ha também foi encontrada por Bhat et al. (2016) para as suas duas amostras de estrelas Be 4 Her e 88 Her, respetivamente. Não estimámos erros nos valores do raio para cada estrela, mas apresentámos uma gama de valores para eles. O parâmetro que é suscetível a grandes erros é o EW, onde o erro pode ser grande quando o continuum não está muito bem definido devido a uma S/N inadequada.

5.6.1 Correlação entre a extensão da região de emissão *Ha* e os tipos espectrais para estrelas Be

A Fig. 5.5 apresenta o gráfico que mostra o raio de emissão *Ha* para estrelas Be em função do tipo espetral. Os dados são obtidos de Slettebak et al. (1992), Dachs et al. (1992) e Hanuschik et al. (1988). Aqui, os círculos azuis representam estrelas Be de Hanuschik et al. (1988), enquanto que os símbolos laranja mais mostram estrelas retiradas de Slettebak et al. (1992) e os símbolos verdes representam estrelas Be de Hanuschik et al. (1988), respetivamente. A extensão da região de emissão *Ha* para cada estrela foi estimada considerando o movimento Kepleriano nos seus discos, i.e. tomando j = 0.5.

É visível na figura que todas as estrelas do tipo B1 apresentam uma extensão da região de emissão *Ha* inferior a 25 $R*$. Uma tendência semelhante também é mostrada para as estrelas dos tipos B3 e B4. Estas estrelas possuem uma extensão da região de emissão *Ha* inferior a 40 $R*$. Curiosamente, uma maior dispersão dos valores da extensão da região de emissão Ha é claramente observada para as estrelas dos tipos B0, B2 e B5. É de notar que o tamanho da amostra é menor para os tipos B0 e B6 - B9, o que pode ser a razão para observar uma dispersão tão grande de valores no caso das estrelas do tipo B0. No entanto, não foi possível detetar de forma confirmada qualquer dependência da extensão da região de emissão *Ha* para estrelas Be em relação aos seus tipos espectrais.

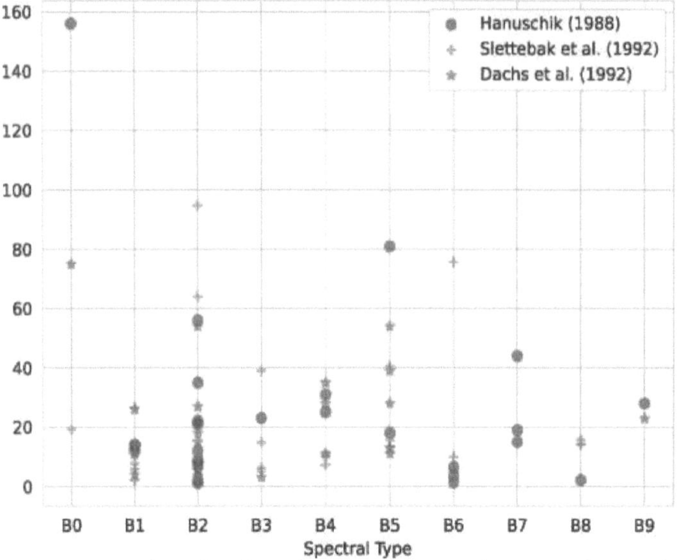

Figura 5.5: Extensão da região de emissão *Ha* para estrelas Be em função dos tipos espectrais. Os dados são obtidos de Slettebak et al. (1992); Dachs et al. (1992) e Hanuschik et al. (1988). Aqui, os círculos azuis representam estrelas Be de Hanuschik et al. (1988), enquanto que os símbolos laranja mais mostram estrelas retiradas de Slettebak et al. (1992) e os símbolos verdes representam estrelas Be de Hanuschik et al. (1988), respetivamente.

5.6.2 Correlação entre a extensão da região de emissão *Ha* e a binaridade em estrelas Be

Ao pesquisar a literatura, descobrimos que ambas as estrelas que estudámos no presente capítulo pertencem a sistemas binários. HD 60855 foi detetada como sendo um sistema binário contendo uma estrela Be primária e uma companheira sdO (Wang et al., 2018). A outra estrela, HD 171780, foi identificada como um sistema binário por Abt & Cardona (1984). Da mesma forma, as duas estrelas, 4 Her e 88 Her, estudadas por Bhat et al. (2016) também são estrelas Be binárias conhecidas. Reportada como um binário espetroscópico por Plaskett et al. (1922) e mais tarde confirmada por Harmanec et al. (1976) e Koubsky et al. (1997), 4 Her é uma estrela Be shell bem conhecida e frequentemente observada. Ambas são sistemas SB1 contendo uma estrela Be brilhante como primária e uma possível estrela de sequência principal (MS) ténue e de tipo tardio como companheira Klement et al. (2022). No entanto, a natureza das companheiras destas estrelas ainda não é clara. Além disso, já mencionámos que uma das duas estrelas estudadas por Paul et al. (2017), ou seja, 59 Cyg, é também um sistema binário.

Verificámos que a extensão da região de emissão Ha para todas estas 5 estrelas varia entre 1,7 e 11,6 *R**, sendo os valores mais baixos e mais altos estimados para OT Gem e 59 Cyg, respetivamente. Em seguida, efectuámos uma análise comparativa utilizando dados da literatura anterior para verificar se existe alguma relação entre a extensão da região de emissão *Ha* e a binaridade em estrelas Be.

A pesquisa bibliográfica mostra que 12 das 28 estrelas estudadas por Slettebak et al. (1992) são sistemas binários ou múltiplos confirmados, enquanto 11 outras são estrelas únicas. Outra estrela da sua amostra, nomeadamente bet Cmi (Dulaney et al., 2017) é uma suspeita de binário. A natureza das restantes 4 estrelas ainda não está confirmada. Verificámos que a extensão da região de emissão *Ha* para os 12 sistemas binários de estrelas Be, calculada por Slettebak et al. (1992), varia entre 1,3 (para omi And) e 40,7 (para omi Cas) *R"*, respetivamente. Para 10 destas estrelas (~ 83%) a extensão da região de emissão *Ha* é menor que 20 *R**. omi Cas é o único sistema entre as 12 estrelas a mostrar um valor *Rd /R* maior que 20 *R**.

Entre as 23 estrelas estudadas por Dachs et al. (1992), seis estrelas (nomeadamente zet Tau, HD 41335, bet Mon A, HR 2787, del Cen e HR 4830) são referidas como binárias. Os autores verificaram que a extensão da região de emissão *Ha* para zet Tau, HD 41335 e bet Mon A se situa entre 4,2 - 11 *R**, respetivamente. Isto significa que 3 (50%) destas 6 estrelas possuem uma extensão da região de emissão Ha inferior a 20 *R**. Para as restantes três estrelas, ou seja, HR 2787, del Cen e HR 4830, a extensão da região de emissão *Ha* foi estimada em 54, 27 e 75 *R**, respetivamente. As restantes 17 estrelas da amostra de Dachs et al. (1992) possuem valores de extensão da região de emissão Ha que variam entre 3,2 e 39 *R**. Apenas 6 destas 17 estrelas apresentam valores inferiores a 10 *R**, enquanto que em todos os outros casos a extensão da região de emissão Ha é maior ou igual a 11 *R**. O valor mais alto de 75 *R** foi exibido pela estrela HR 4830.

Na sua amostra de 27 estrelas Be, Hanuschik et al. (1988) estimaram os valores da extensão da região de emissão *Ha entre* 3,5 e 156 *R**, respetivamente. Apenas 5 (nomeadamente alf Eri, eta Tau, HR 2787, omi Pup e HR 4830) entre as 27 estrelas estão confirmadas como sistemas binários ou múltiplos. HR 2787 e HR 4830 são os dois objectos comuns nas amostras de Dachs et al. (1992) e Hanuschik et al. (1988). Enquanto Hanuschik et al. (1988) estimaram a extensão da região de emissão *Ha* para HR 2787 como sendo 56 *R**, Dachs et al. (1992) obtiveram um valor de 54 *R**, respetivamente. Para HR 4830, Dachs et al. (1992) determinaram um valor de 156 *R**, respetivamente. A extensão da região de emissão *Ha* medida para os restantes 3 sistemas binários ou múltiplos de estrelas Be foi de 1,4 (para alf Eri), 19 (para eta Tau) e 12 (para omi Pup) *R**, respetivamente. Assim, verifica-se que 3 (60%) das 5 estrelas Be binárias da amostra de Hanuschik et al. (1988) têm uma extensão da região de emissão *Ha* inferior a 20 *R**. As restantes 22 estrelas da amostra de Hanuschik et al. (1988) mostraram que a extensão da região de emissão Ha varia entre 1,4 e 81 *R**. A estrela que apresentou o maior valor para a extensão da região de emissão *Ha* foi HR 4830, com um valor de 156 *R**.

O nosso estudo comparativo aponta, assim, que na maioria dos casos (~ 83% para Slettebak et al. (1992), 50% para Dachs et al. (1992) e 60% para Hanuschik et al. (1988)) a extensão da região de emissão *Ha* é observada como sendo menor para estrelas Be em binaridade (menos de 20 *R**) do que em comparação com estrelas Be simples. A mesma tendência é observada por Bhat et al. (2016), Paul et al. (2017) e também por nós para as nossas duas estrelas do programa, HD 60855 e HD 171780 no presente estudo. Portanto, nossa análise preliminar indica uma diferença na extensão da região de emissão *Ha* entre estrelas Be binárias e estrelas Be únicas.

Estes resultados oferecem uma oportunidade para verificar se o tamanho total do disco das estrelas Be emula a tendência observada para a região de emissão Ha, ou seja, existe alguma distinção entre os tamanhos do disco de estrelas Be simples e binárias? Pode haver a possibilidade de que o truncamento do disco ocorra no caso de estrelas Be binárias em interação em alguma região onde existe a emissão *Ha*. Por isso, sugerimos a realização de mais estudos para verificar como varia a extensão da região de emissão *Ha* para estrelas Be normais e binárias, utilizando amostras maiores no futuro. Tais estudos poderão fornecer pistas para compreender melhor se a binaridade desempenha algum papel no confinamento da região de emissão Ha no disco circunstelar.

5.6.2.1 Caso curioso do HR 4830

HR 4830 foi observada pela primeira vez com emissão *Ha* por Merrill & Burwell (1933) e mais tarde listada como uma estrela Be por Jaschek et al. (1964). Localizada no aglomerado aberto NGC 4609 (Feinstein & Marraco, 1979) e para além da nebulosa de Coalsack a sul, o seu tipo espetral foi estimado como sendo B0.5 por Levenhagen & Leister (2006). Uma análise detalhada do espetro UV desta estrela foi efectuada por Codina et al. (1984) que sugeriu a existência de 'um envelope em expansão correspondente a uma perda de massa de cerca de $3 \, x \, 10^{-9}$ / yr'. Além disso, evidências de ventos estelares altamente ionizados para a estrela foram detectadas por Grady et al. (1987). Consequentemente, HR 4830 foi detectada como um binário Be/X-ray por Apparao (1994) e mais tarde confirmada por Negueruela (1998). Foi então listada no catálogo de binários de raios-X de alta massa por Liu et al. (2000).

Posteriormente, HR 4830 foi considerada como uma 'estrela Be notável' por Smith & Balona (2006) que descobriram 'várias características notáveis no espetro ótico da estrela'. Eles também descobriram que o tamanho do disco da estrela cobre uma área de mais de 100 *R‡* , com o volume emissor residindo a uma 'distância surpreendentemente grande de 1 UA da estrela'. O seu estudo sugere que HR 4830

‡ Observámos variações V/R para ambas as estrelas do programa. Enquanto que para HD 60855, V muda de V maior que R para V menor que R numa escala de tempo de 11 meses, HD 171780 mostrou uma mudança de V maior que R para V=R numa escala de tempo de apenas 26 dias, durante o nosso

é um membro de uma nova classe selecionada de "análogos de gam Cas".

5.7 RESUMO

No presente estudo, estimámos a extensão da região de emissão *Ha* para duas estrelas Be entre a amostra de 9 estrelas Be (usadas para o estudo da natureza transiente), observadas usando a instalação de 1 m no VBO, Kavalur, e que exibiam perfis de emissão *Ha* de pico duplo. Estudámos as variações V/R observadas nestas duas estrelas e os resultados proeminentes são resumidos abaixo: períodos de observação.

- Assumindo a rotação Kepleriana dos discos, estimámos que o raio da região de emissão *Ha* para HD 60855 varia entre 5.8 - 9.5 *R**. Para a estrela HD 171780, o valor de *Rd/R* varia entre 5,1 - 8,3 *R** durante o período das nossas observações.
- Curiosamente, é detectada uma redução global da extensão da região de emissão Ha para ambas as estrelas. Enquanto a extensão da região de emissão *Ha* para HD 60855 reduziu de 7,8 para 5,8 *R** numa escala de tempo de apenas 32 dias, o mesmo para HD 171780 reduziu de 7,1 para 5,1 *R** em cerca de 7 meses. É necessária uma monitorização contínua para avaliar melhor se a mudança no raio da região de emissão *Ha* em estrelas Be é gradual ou cíclica por natureza.
- Além disso, o nosso estudo comparativo com a literatura existente mostrou que a região de emissão *Ha* está mais próxima das estrelas centrais para ambas as estrelas da amostra.
- Além disso, a nossa estimativa sugere que tanto HD 60855 como HD 171780 consistem numa região de emissão *Ha de* menor extensão do que o intervalo previamente estimado para estrelas Be por Millan-Gabet et al. (2010) e Slettebak et al. (1992). No entanto, o nosso resultado concorda bastante com o obtido por Bhat et al. (2016).
- Finalmente, o nosso estudo comparativo indica que na maioria dos casos (50% ou mais em qualquer amostra) a extensão da região de emissão *Ha* é observada como sendo mais baixa (inferior a 20 *R**) para estrelas Be em sistemas binários quando comparada com estrelas Be simples. Os nossos resultados indicam, portanto, a presença de alguma distinção suspeita entre a extensão da região de emissão Ha para estrelas Be binárias e a de estrelas Be normais e únicas. Por isso, sugerimos a realização de mais estudos para verificar como a extensão da região de emissão *Ha* varia para estrelas Be normais e binárias usando amostras maiores no futuro.

Capítulo 6

Resumo e futuro perspectivas

6.1 RESUMO

Passaram mais de 150 anos desde a descoberta da primeira estrela Be. Ainda assim, continuam a ser das estrelas mais misteriosas do Universo, colocando várias questões em aberto. Um dos principais problemas não esclarecidos sobre as estrelas Be é o "fenómeno Be", ou seja, o seu mecanismo de formação do disco. A revisão da literatura revela que um grande número de estudos espectroscópicos foi realizado nas últimas décadas para compreender melhor o "fenómeno Be" e as propriedades da própria estrela central. No entanto, não existe na literatura uma análise espetral exaustiva de todas as linhas de emissão presentes nos espectros ópticos de uma amostra de mais de 100 estrelas Be de campo. Além disso, os discos de estrelas Be são de natureza transitória, formando-se e desaparecendo durante qualquer período da sua vida. Até à data, não existe nenhuma sugestão conclusiva sobre as escalas de tempo de formação do disco e de dissipação das estrelas Be. Assim, o presente estudo centra-se no estudo de uma grande amostra de estrelas Be através de espetroscopia ótica e utilizando dois telescópios ópticos nacionais. Isto é feito para obter um conhecimento abrangente sobre as principais características das linhas de emissão presentes nas estrelas Be e também para adquirir uma melhor compreensão sobre as suas escalas de tempo de formação e dissipação do disco.

No terceiro capítulo, realizámos o estudo espetroscópico de todas as principais linhas de emissão para uma amostra de 115 estrelas do campo Be na gama de comprimentos de onda de 3800 - 9000 A, utilizando a instalação HCT de 2,1 m em Ladakh. Tanto quanto sabemos, este é o primeiro estudo onde espectros quase simultâneos cobrindo toda a gama espetral de 3800 - 9000 A foram estudados para mais de 100 estrelas de campo Be. Produzimos, portanto, um atlas de linhas de emissão para estrelas Be que será um recurso valioso para os investigadores envolvidos na investigação de estrelas Be. Fizemos uso da capacidade sem precedentes da missão *Gaia* para reestimar o parâmetro de extinção (A_V) para estas estrelas. Os valores estimados de A_V são usados para correção da extinção na análise do decremento de Balmer (D_{34} e D_{54}) para as estrelas do nosso programa. D_{34} na nossa amostra varia entre 0.1 e 9.0, enquanto que os valores correspondentes de D_{54} variam maioritariamente (" 70%) entre 0.2 e 1.5, agrupando-se algures perto de 0.8 - 1.0. O nosso estudo indica que os discos de estrelas Be são geralmente de natureza opticamente espessa na maioria dos casos.

Através de um estudo comparativo com a literatura, também notámos que os valores de *Ha* EW em estrelas Be são geralmente inferiores a -40 A. Além disso, a partir da nossa análise, parece que a força de emissão de *Ha*, P14, FeII 5169 A e OI 8446 A é maior em estrelas do tipo B iniciais. Além disso, observámos que é necessário um valor limite (~ -10 A) de *Ha* EW para que a emissão de FeII se torne visível em estrelas Be. Além disso, ao explorar várias regiões de formação de linhas de emissão CAII em torno do disco circunstelar de estrelas Be, sugerimos a possibilidade de que a emissão tripleta CAII possa ter origem nas regiões externas mais frias do disco, que podem não ser isotérmicas por natureza.

O quarto capítulo trata do nosso estudo da natureza transitória de um conjunto de 9 estrelas Be galácticas brilhantes cuidadosamente selecionadas que mostraram a linha *Ha* em absorção completa pelo menos uma vez na literatura, indicando que essas estrelas passaram por uma fase sem disco pelo menos uma vez em sua vida. Usando a instalação do telescópio de 1 m no Observatório Vainu Bappu, Kavalur, Índia, estudámos a natureza transitória destas 9 estrelas Be durante um período de 5 anos (2015 - 2019), analisando as mudanças contínuas no perfil da linha *Ha* mostrado por elas. Os nossos resultados sugerem que 4 entre 9 das estrelas do nosso programa (HD 4180, HD 142926, HD 164447 e HD 171780) estão possivelmente a passar por episódios de perda de disco, enquanto a estrela HD 23302 pode estar a passar por uma fase de formação de disco nas épocas atuais. Outras 4 estrelas (HD 237056, HD 33357, HD 38708 e HD 60855) mostraram sinais de possuir um disco estável em épocas recentes. Curiosamente, a nossa análise indica que a formação do disco de HD 60855 ocorreu numa escala de tempo de apenas 2 meses, entre janeiro e março de 2008. Também descobrimos que 2 destas 9 estrelas, HD 33357 e HD 38708, podem ser emissoras fracas de *Ha* na natureza, com *Ha* EW sempre inferior a -5 A.

Finalmente, estimámos a extensão da região de emissão Ha para duas destas 9 estrelas Be que apresentavam um perfil de emissão *Ha de* duplo pico. As variações V/R observadas para as estrelas foram estudadas e utilizadas para medir a extensão da sua região de emissão Ha. O nosso estudo comparativo indica que na maioria dos casos (50% ou mais em qualquer amostra) a extensão da região de emissão Ha é observada como sendo menor (inferior a 20 *R,*) para estrelas Be em sistemas binários quando comparadas com estrelas Be simples. Este é um estudo em curso que gostaríamos de continuar com uma amostra maior de estrelas Be num futuro próximo.

6.2 ÂMBITO FUTURO

6.2.1 Distribuição bimodal nos tipos espectrais de estrelas Be

Ao caraterizar o nosso programa de 115 estrelas Be do campo, descobrimos que a distribuição das nossas estrelas está a atingir o pico nos tipos espectrais B1-B2 e novamente nos tipos espectrais B7-B8. Este resultado, mostrado no capítulo 3, está de acordo com vários estudos anteriores, como Slettebak (1982), Mermilliod (1982), Mathew et al. (2008), Arcos et al. (2017) e Jagadeesh et al. (2021). Estes estudos foram efectuados considerando estrelas Be tanto de campos como de aglomerados. Vários fatores ambientais podem influenciar as velocidades rotacionais entre os membros do aglomerado, como a idade, a fração binária e os campos magnéticos. Ainda assim, a observação de tal bimodalidade nos tipos espectrais para estrelas Be pertencentes tanto a campos como a aglomerados por vários autores é interessante e precisa de ser melhor compreendida.

6.2.2 Região de formação de linhas de emissão do tripleto de CAII em estrelas Be

No capítulo 3, analisámos as linhas de emissão do tripleto de Cail observadas em " 15% da nossa amostra de 115 estrelas Be de campo. Para a análise, usámos uma abordagem diferente para separar os componentes CAII dos seus homólogos Paschen e detectámos os rácios de intensidade relativa das linhas triplas. Finalmente, ao explorar várias regiões de formação de linhas de emissão CAII em torno do disco circunstelar de estrelas Be, sugerimos a possibilidade de que a emissão tripleta CAII possa ter origem nas regiões externas mais frias do disco, que podem não ser isotérmicas por natureza. No entanto, o tamanho da amostra estudada por nós (linhas de emissão CAII encontradas em apenas 17 de 115 estrelas) é demasiado pequeno para fornecer qualquer conclusão. Vale a pena mencionar que não existe nenhum estudo até à data que possa fornecer pistas sobre se a periferia exterior dos discos de estrelas Be pode tornar-se não isotérmica por natureza ou não, e se sim, então como? Esta questão exige, portanto, mais estudos, analisando amostras maiores de estrelas Be, incluindo vários ambientes, como campos e aglomerados.

A nossa análise abre assim um vasto campo para a realização de um estudo específico de estrelas Be utilizando espectros ópticos para melhor compreender a região de formação das linhas de emissão CAII nestas estrelas. Tencionamos alargar este estudo utilizando espectros ópticos obtidos para uma amostra maior de estrelas Be seleccionadas que tenham sido identificadas como apresentando linhas de emissão Caii. Esta análise adicional ajudará a fornecer pistas sobre se a nossa possibilidade sugerida é verdadeira ou não. Para além de testar a nossa sugestão prevista, o estudo alargado poderá também abrir alguns cenários até agora desconhecidos sobre a região de formação de linhas CAII em estrelas Be.

6.2.3 Mecanismo de excitação da linha de emissão FEII em estrelas Be

Como discutido no capítulo 3, o mecanismo de excitação da linha de emissão FEII em estrelas Be é ainda uma questão em aberto na investigação de estrelas Be. Na Sect. 3.4.7.4, tentámos procurar o possível mecanismo de excitação da linha FEII em estrelas Be de campo. Ao pesquisar a literatura existente, compreendemos que o processo de fluorescência de *Lya* é o mecanismo dominante de excitação de linhas FEII em AGNs (Sigut & Pradhan, 1998). Compreendemos ainda que a análise espetral numa vasta gama de bandas, incluindo o regime UV-ótico-próximo do infravermelho, é necessária para prever se a fluorescência de *Lya* está ativa em discos de estrelas Be ou não. A identificação de linhas de transição específicas nas bandas UV formadas devido à fluorescência de *Lya* pode ser um indicador de que este processo está ativo nos envelopes das estrelas Be. Além disso, é importante procurar linhas FEII na região 7500 - 11300 A para demonstrar que a fluorescência de *Lya* está ativa nos discos de estrelas Be, como sugerido por Penston (1987).

Descobrimos que a linha FEII 7712 A pode ser um bom alvo nesta região, que está livre de qualquer tipo de mistura com qualquer outra caraterística espetral ou linhas telúricas atmosféricas. Detectámos que 34 das 115 estrelas do nosso programa exibem a linha FEII 7712 A na emissão. Curiosamente, notou-se que comparativamente menos estudos foram realizados para as linhas de emissão FEII que pertencem à região além de 7500 A. Como uma tentativa de verificar se esta linha pode fornecer alguma pista sobre o mecanismo de excitação da linha FEII em estrelas Be, realizamos alguns estudos de correlação entre várias características de linha e a linha FeII *JI* 7712, que foram discutidos nas Seções. 3.4.7.1 a 3.4.7.3. No entanto, não podemos fornecer nenhuma evidência conclusiva até o momento.

Além disso, não foi possível confirmar a presença da caraterística MGII 9218 A para as estrelas do nosso programa, uma vez que a sensibilidade do CCD diminui após ~ 9000 A. Sigut & Pradhan (1998) afirmaram que esta linha pode ser a assinatura espetral do processo de fluorescência de *Lya*, que está ativo na excitação de linhas FEII em AGNs. Assim, sugerimos uma investigação mais aprofundada das estrelas Be considerando espectros simultâneos no regime UV-ótico-próximo do infravermelho para compreender se a fluorescência de *Lya* está ativa nos discos de estrelas Be e se é ou não o possível mecanismo de excitação das linhas de emissão FEII NESTAS estrelas.

6.2.4 Mecanismo e região de formação de linhas de emissão HeI em estrelas Be

Já discutimos na Sect. 3.4.9 que o estudo das linhas de emissão HeI é outra área menos explorada na investigação de estrelas Be. Normalmente não se espera que as linhas de emissão HeI sejam visíveis nos espectros de estrelas Be, uma vez que estas são formadas em regiões de alta temperatura com T ~ 15.000 K, temperatura esta que não é encontrada nos discos de estrelas Be.

Curiosamente, a revisão da literatura confirma que estas linhas foram observadas raramente em estrelas Be por autores anteriores. Também encontrámos linhas HeI 5876, 6678 e 7065 A na emissão de 13 das 115 estrelas do programa. Embora 12 das 13 estrelas pertençam aos tipos espectrais B0 - B3, uma estrela, HD 23552, é do tipo B8. Este é um caso interessante que necessita de mais investigação. As questões que se colocam aqui são: Como é que um disco de uma estrela Be de tipo tardio, que se espera que tenha menos temperatura, pode produzir linhas HeI na emissão? Além disso, em que região dos discos das estrelas Be estas linhas são formadas e como? Até à data, não existe uma resposta clara para estas questões. Assim, é necessária uma investigação mais aprofundada de uma amostra maior de estrelas Be (que exibam linhas HeI na emissão) para compreender melhor o mecanismo e a região de formação das linhas de emissão HeI nestas estrelas.

6.2.5 Estudo da opacidade do disco para estrelas Be pertencentes a diferentes ambientes

Ao estudar as principais linhas de emissão presentes nas estrelas Be do campo no capítulo 3, também estimámos os valores do decremento de Balmer (D_{34} e D_{54}) para a maior amostra de estrelas Be até à data. Considerando o efeito da A_V nas estrelas da nossa amostra, o nosso resultado implica que os discos das estrelas Be são geralmente opticamente espessos na natureza para a maioria das estrelas. A gama dos nossos valores estimados de D34 e D_{54} é maior do que a de qualquer outro estudo anterior. Isto pode ser devido ao maior tamanho da amostra do nosso estudo. Os nossos resultados, portanto, apontam para a necessidade de estudar mais estrelas Be numa amostra maior para detetar a gama de valores D34 e D54. Além disso, o estudo do decréscimo de Balmer pode ajudar a compreender os efeitos da opacidade do disco em estrelas Be. Verificámos que o estudo do decréscimo de Balmer é inexistente para estrelas Be em diferentes ambientes, tais como campos, aglomerados e regimes extragalácticos. Os efeitos da metalicidade em estrelas Be já foram estudados por vários autores (e.g. Maeder et al., 1999; Keller, 2004; Martayan et al., 2006, 2007a,b). Sabe-se que a alteração da metalicidade afecta certas propriedades das estrelas Be, por exemplo, a taxa de rotação, a incidência e a fração. No entanto, são necessários estudos futuros pormenorizados para compreender se as estrelas Be em ambientes diversos apresentam ou não uma gama diferente de valores de decremento de Balmer. O conhecimento obtido por tais estudos pode também ajudar a compreender melhor os efeitos da opacidade do disco em estrelas Be pertencentes a diferentes ambientes.

6.2.6 Monitorização espectroscópica de uma amostra maior de estrelas Be para melhor compreender a sua natureza transitória

O Capítulo 4 desta tese centra-se no nosso estudo da natureza transitória de uma amostra selecionada de 9 estrelas Be galácticas. Verificou-se que estas estrelas exibem a linha *Ha* em absorção completa pelo menos uma vez na literatura, indicando que passaram por uma fase sem disco pelo menos uma vez durante a sua vida. Identificámos que 4 destas 9 estrelas estão possivelmente a passar por episódios de perda de disco, enquanto que a estrela HD 23302 pode estar a passar por uma fase de formação de disco nas épocas actuais. Através da nossa análise, detectámos que a escala de tempo da dissipação do disco para 3 estrelas é de 37 a 43 meses. Isto está de acordo com Kee et al. (2016) que descobriram que para discos de estrelas Be opticamente finos, a destruição do disco pode ocorrer numa escala de tempo de meses a anos através do processo de ablação. No entanto, Mathew & Subramaniam (2011) detectaram que a escala de tempo de dissipação do disco para uma (EM* AS 407) da sua amostra de estrelas Be do aglomerado é de apenas ~ 17 dias, respetivamente. Curiosamente, outra estrela (HD 60855) do nosso estudo mostrou sinais de formação de disco em apenas 2 meses.

Estes resultados indicam que ainda não se chegou a um consenso aceitável sobre as escalas de tempo de formação e dissipação do disco para estrelas Be. A revisão da literatura confirma que, até à data, não existe nenhum estudo pormenorizado que aborde esta questão. Assim, planeamos alargar o nosso estudo de monitorização contínua das variações do perfil da linha *Ha* para uma amostra maior de estrelas Be seleccionadas para melhor compreender a sua natureza transitória. Este estudo dedicado utilizará as instalações do telescópio ótico nacional e pode fornecer escalas de tempo precisas para a formação e dissipação do disco em estrelas Be.

Outros estudos podem ser efectuados para determinar se estas escalas de tempo variam para estrelas Be localizadas em ambientes diversos (tais como campos e aglomerados) ou não.

6.2.7 Processo de dissipação do disco em estrelas Be

Existem apenas alguns estudos que estimam a extensão ou o tamanho da região de emissão utilizando as características das linhas de emissão em estrelas Be. Por exemplo, Dachs et al. (1992) estimaram o raio exterior para a região de emissão da linha Fe II 5317 A para 18 das estrelas Be do seu programa num intervalo de 1,5 - 9,6 R_t.

Ballereau et al. (1995) afirmaram que o raio exterior da região de formação das linhas FEII nestas estrelas se situa entre 5,1 e 7,8 $R*$. Num estudo mais recente, observando linhas de emissão FeII na região de comprimento de onda de 4230 - 7712 A para 18 estrelas Be meridionais, Arias et al. (2006) mediram que a região de formação das linhas FEII SE SITUA A cerca de 2,0 ± 0,8 raios estelares da estrela central. Pelo contrário, usando uma análise espetro-interferométrica, Millan-Gabet et al. (2010) descobriram que a região emissora de *Ha* para a estrela Be HD 143275 (*8* Sco) é de 14,9 raios estelares ($R*$, para $R* =7\ R_0$). Num estudo separado, Jaschek et al. (1993) determinaram que o raio exterior do envelope que produz a linha OI 7772 A em estrelas Be é de 1,78 ± 0,82 raios estelares. Em seguida, Mathew et al. (2012b) relataram que a emissão de OI em estrelas Be tem origem em regiões relativamente internas (tamanho médio de 0,71 ± 0,27 do tamanho da região de emissão *Ha*) do envelope, ou seja, regiões com maior densidade. Estes trabalhos mostraram que a região de formação das linhas FEII e OI em estrelas Be está mais próxima da estrela central do que a linha *Ha.*

Curiosamente, este conhecimento da região de formação das linhas de emissão *Ha* e FeII nos discos de estrelas Be proporciona uma oportunidade ainda inexplorada, mas interessante, para compreender o processo de dissipação do disco nestas estrelas. Se a perda de disco ocorre num padrão de dentro para fora ou de fora para dentro pode ser entendido estudando se existe alguma correlação entre a intensidade de emissão de *Ha* e as linhas metálicas cuja região de formação já é conhecida. As linhas FEII fornecem assim uma ferramenta para explorar essas possibilidades.

Identificámos 4 estrelas (HD 4180, HD 142926, HD 164447 e HD 171780) que mostram uma diminuição considerável da intensidade de emissão *Ha* (ie. EW) indicando que podem estar a perder os seus discos. A questão de saber se a perda de disco ocorre de dentro para fora ou de fora para dentro pode ser compreendida através do estudo da variabilidade das linhas de emissão DE FEII, se estas forem estudadas numa base contínua utilizando espectros de estrelas Be. Não foi possível efetuar tal estudo, uma vez que nenhuma das estrelas do programa mostrou qualquer linha de emissão metálica em qualquer ocasião. Assim sendo,
sugerimos uma investigação mais aprofundada de uma amostra maior de estrelas Be usando espetroscopia ótica, que pode ser útil para entender o procedimento de

perda de disco em estrelas Be.

6.2.8 Possível influência da binaridade no confinamento da extensão da região de emissão *Ha* para estrelas Be

No capítulo 5, estimámos a extensão da região de emissão Ha para duas estrelas Be que apresentam um perfil de emissão *Ha de* duplo pico. As variações V/R observadas para as estrelas são estudadas e utilizadas para medir a extensão da sua região de emissão Ha. O nosso estudo comparativo com a literatura existente indica que na maioria dos casos (50% ou mais em qualquer amostra) a extensão da região de emissão Ha é observada como sendo menor (inferior a 20 *R*)* para estrelas Be em sistemas binários quando comparadas com estrelas Be simples.

Os nossos resultados oferecem assim uma oportunidade para verificar se o tamanho total do disco das estrelas Be emula a tendência observada para a região de emissão Ha, ou seja, existe alguma distinção entre os tamanhos do disco de estrelas Be simples e binárias? Pode haver a possibilidade de que o truncamento do disco ocorra no caso de estrelas Be binárias em interação em alguma região onde existe a emissão *Ha*. Por isso, sugerimos a realização de mais estudos para verificar como varia a extensão da região de emissão *Ha* para estrelas Be normais e binárias, utilizando amostras maiores no futuro. Tais estudos poderão fornecer pistas para compreender melhor se a binaridade desempenha algum papel no confinamento da região de emissão Ha no disco circunstelar de estrelas Be.

2003, Poeira no ambiente galáctico
Abt, H. A., & Cardona, O. 1983, APJ, 272, 182
-. 1984, ApJ, 285, 190
Abt, H. A., & Levy, S. G. 1978, APJs, 36, 241
Andrillat, Y., & Fehrenbach, C. 1982, em IAU Symposium, Vol. 98, Be Estrelas, ed. M. Jaschek & H. G. Groth, 135
Andrillat, Y., & Houziaux, L. 1967, Publications of the Observatoire Haute-Provence, 9, 107
Andrillat, Y., Jaschek, M., & Jaschek, C. 1988, A&AS, 72, 129
Apparao, K. M. V. 1994, Space Sci. Rev., 69, 255
Arcos, C., Jones, C. E., Sigut, T. A. A., Kanaan, S., & Cure, M. 2017, APJ, 842, 48
Arias, M. L., Zorec, J., Cidale, L., et al. 2006, A&A, 460, 821
Avvakumova, E. A., Malkov, O. Y., & Kniazev, A. Y. 2013, Astronomische Nachrichten, 334, 860
Baade, D. 1979, The Messenger, 19, 4
-. 1982, A&A, 105, 65 -. 1984, A&A, 135, 101
Bahng, J. D. R., & Hendry, E. 1975, PASP, 87, 137
Bailer-Jones, C. A. L., Rybizki, J., Fouesneau, M., Mantelet, G., & Andrae, R. 2018, AJ, 156, 58
Baker, J. G., & Menzel, D. H. 1938, APJ, 88, 52
Ballereau, D., Chauville, J., & Zorec, J. 1995, A&AS, 111, 457
Balona, L. A. 1990, MNRAS, 245, 92
-. 1992, MNRAS, 256, 425
-. 1995, MNRAS, 277, 1547
Banerjee, D. P. K., Rawat, S. D., & Janardhan, P. 2000, A&AS, 147, 229
Banerjee, G., Mathew, B., Paul, K. T., et al. 2021, MNRAS, 500, 3926
-. 2022, Journal of Astrophysics and Astronomy, 43, 102
Barker, P. K. 1983, PASP, 95, 996
Barnsley, R. M., & Steele, I. A. 2013, A&A, 556, A81
Baumgartner, W. H., Tueller, J., Markwardt, C. B., et al. 2013, APJs, 207, 19
Bernhard, K., Otero, S., Hummerich, S., et al. 2018, MNRAS, 479, 2909
Bhat, S. S., Paul, K. T., Subramaniam, A., & Mathew, B. 2016, Research in Astronomy and Astrophysics, 16, 76
Bhattacharyya, S., Mathew, B., Banerjee, G., et al. 2021, MNRAS, 507, 3660
Boch, T., & Fernique, P. 2014, em Astronomical Society of the Pacific Conference Series, Vol. 485, Astronomical Data Analysis Software and Systems XXIII, ed. N. Manset & P. Forshay, 2777, em Astronomical Society of the Pacific Conference Series, Vol. N. Manset & P. Forshay, 277
Bodensteiner, J., Shenar, T., & Sana, H. 2020, A&A, 641, A42
Bonnarel, F., Fernique, P., Bienayme, O., et al. 2000, A&AS, 143, 33
Borre, C. C., Baade, D., Pigulski, A., et al. 2020, AAP, 635, A140

Bowen, I. S. 1947, PASP, 59, 196
Briot, D. 1971, A&A, 11, 57
-. 1981, A&A, 103, 5
-. 1986, A&A, 163, 67
Brocklehurst, M. 1971, MNRAS, 153, 471
Burbidge, E. M., & Burbidge, G. R. 1955, The Observatory, 75, 256
Burbidge, G. R., & Burbidge, E. M. 1953, APJ, 118, 252
Carciofi, A. C., & Bjorkman, J. E. 2006, APJ, 639, 1081
-. 2008, APJ, 684, 1374
Carciofi, A. C., Bjorkman, J. E., Otero, S. A., et al. 2012, APJl, 744, L15
Carciofi, A. C., Okazaki, A. T., Le Bouquin, J. B., et al. 2009, A&A, 504, 915
Cardelli, J. A., Clayton, G. C., & Mathis, J. S. 1989, APJ, 345, 245
Carquillat, M. J., Jaschek, C., Jaschek, M., & Ginestet, N. 1997, A&AS, 123, 5
Catanzaro, G. 2013, A&A, 550, A79
Chalabaev, A. A., & Maillard, J. P. 1985, APJ, 294, 640
Chen, P. S., Liu, J. Y., & Shan, H. G. 2016, MNRAS, 463, 1162
Chojnowski, S. D., Labadie-Bartz, J., Rivinius, T., et al. 2018, APJ, 865, 76
Clark, J. S., & Steele, I. A. 2000, A&AS, 141, 65
Cochetti, Y. R., Arias, M. L., Kraus, M., et al. 2021, A&A, 647, A164
Codina, S. J., de Freitas Pacheco, J. A., Lopes, D. F., & Gilra, D. 1984, A&AS, 57, 239
Collins, George W., I. 1987, em IAU Colloq. 92: Physics of Be Stars, ed. A. Slettebak & T. P. Snow, 3
Collins, George W., I., & Truax, R. J. 1995, ApJ, 439, 860
Copeland, J. A., & Heard, J. F. 1963, Publications of the David Dunlap Observatory, 2, 317
Cox, A. N. 2000, Allen's astrophysical quantities
Cranmer, S. R. 2005, ApJ, 634, 585
Cuypers, J., Balona, L. A., & Marang, F. 1989, A&AS, 81, 151
Dachs, J., Hanuschik, R., & Kaiser, D. 1984, Mitteilungen der Astronomis- chen Gesellschaft Hamburg, 62, 268
Dachs, J., Hummel, W., & Hanuschik, R. W. 1992, A&AS, 95, 437
Dachs, J., Rohe, D., & Loose, A. S. 1990, A&A, 238, 227
Dachs, J., Hanuschik, R., Kaiser, D., et al. 1986, A&AS, 63, 87
Delaa, O., Stee, P., Meilland, A., et al. 2011, A&A, 529, A87
Dougherty, S. M., & Taylor, A. R. 1992, Nature, 359, 808
Drake, S. A., & Ulrich, R. K. 1980, ApJS, 42, 351
Dulaney, N. A., Richardson, N. D., Gerhartz, C. J., et al. 2017, ApJ, 836, 112
Fabregat, J., Reglero, V., Coe, M. J., et al. 1992, AAP, 259, 522
Feinstein, A., & Marraco, H. G. 1979, AJ, 84, 1713
Froebrich, D., Hillenbrand, L. A., Herbert, C., et al. 2023, arXiv e-prints,

arXiv:2302.02696
Colaboração Gaia, Brown, A. G. A., Vallenari, A., et al. 2016, A&A, 595, A2
-. 2018a, A&A, 616, A1
-. 2018b, A&A, 616, A1
-. 2021, A&A, 649, A1
Garibdzhanian, A. T. 1984, Astrofizika, 20, 437
Gehrz, R. D., Hackwell, J. A., & Jones, T. W. 1974, APJ, 191, 675
Ghoreyshi, M. R., Carciofi, A. C., Jones, C. E., et al. 2021, APJ, 909, 149
Ghoreyshi, M. R., Carciofi, A. C., Rimulo, L. R., et al. 2018, MNRAS, 479, 2214
Ginestet, N., & Carquillat, J. M. 2002, ApJS, 143, 513
Ginestet, N., Carquillat, J. M., Jaschek, C., & Jaschek, M. 1997, A&AS, 123, 135
Glebocki, R., & Gnacinski, P. 2005, Catálogo de Dados Online VizieR, III/244
Gontcharov, G. A. 2012, Astronomy Letters, 38, 87
Gottlieb, D. M., & Upson, Walter L., I. 1969, ApJ, 157, 611
Grady, C. A., Bjorkman, K. S., & Snow, T. P. 1987, ApJ, 320, 376
Granada, A., Arias, M. L., Cidale, L. S., & Mennickent, R. E. 2011, em IAU Symposium, Vol. 272, Active OB Stars: Estrutura, Evolução, Perda de Massa e Limites Críticos, ed. C. Neiner, G. W. W., & Mennickent R. E. 2011, em IAU Symposium, Vol. 272, Active OB Stars: Structure, Evolution, Mass Loss, and Critical Limits, ed. C. Neiner, G. Wade, G. Meynet, & G. Peters, 392
Green, G. M., Schlafly, E., Zucker, C., Speagle, J. S., & Finkbeiner, D. 2019, APJ, 887, 93
Grundstrom, E. D., & Gies, D. R. 2006, ApJL, 651, L53
Hanuschik, R. W. 1986, A&A, 166, 185
-. 1987, A&A, 173, 299
-. 1988, A&A, 190, 187
Hanuschik, R. W. 1994, em IAU Symposium, Vol. 162, Pulsation; Rotation; and Mass Loss in Early-Type Stars, ed. L. A. Balona, H. F. Henrichs, & J. M. Le Contel, 265, em inglês. L. A. Balona, H. F. Henrichs, & J. M. Le Contel, 265
Hanuschik, R. W., Dachs, J., Baudzus, M., & Thimm, G. 1993, A&A, 274, 356
Hanuschik, R. W., Hummel, W., Dietle, O., & Sutorius, E. 1995, A&A, 300, 163
Hanuschik, R. W., Hummel, W., Sutorius, E., Dietle, O., & Thimm, G. 1996, A&AS, 116, 309
Hanuschik, R. W., Kozok, J. R., & Kaiser, D. 1988, A&A, 189, 147
Harmanec, P., Koubsky, P., Krpata, J., & Zdarsky, F 1976, Bulletin of the Astronomical Institutes of Czechoslovakia, 27, 47
Hartmann, L., & Cassinelli, J. P. 1977, APJ, 215, 155
Heard, J. F. 1939, JRASC, 33, 384
Hendry, E. M. 1982, PASP, 94, 169
Hiltner, W. A. 1947, APJ, 105, 212
Hirata, R., Hubert-Delplace, A. M., & Groupe Etoiles Variables de L'Observatoire

de Nice. 1981, em Pulsating B-Stars, ed. C. Sterken, 217
Huang, S.-S. 1972, ApJ, 171, 549
Hubert, A. M., & Floquet, M. 1998, A&A, 335, 565
Hubert, H. 1971, A&A, 11, 100
Hubert, H., Dagostinoz, B., Hubert, A. M., & Floquet, M. 1987, Publications of the Astronomical Institute of the Czechoslovak Academy of Sciences, 5, 45
Hubert-Delplace, A.-M., & Hubert, H. 1979, An atlas ofBe stars
Hummel, W., & Vrancken, M. 2000, A&A, 359, 1075
Hummer, D. G., & Storey, P. J. 1987, MNRAS, 224, 801
Ivanova, D. V., Sakhibullin, N. A., & Shimanskii, V. V. 2004, Astronomy Reports, 48, 476
Jagadeesh, M. K., Mathew, B., Paul, K. T., et al. 2021, Journal of Astrophysics and Astronomy, 42, 109
Jarad, M. M., Hilditch, R. W., & Skillen, I. 1989, MNRAS, 238, 1085
Jaschek, C., & Jaschek, M. 1983, A&A, 117, 357
-. 1987, A classificação das estrelas
Jaschek, C., Jaschek, M., & Kucewicz, B. 1964, Zeitschrift fur Astro- physik, 59, 108
Jaschek, M., & Egret, D. 1982, em IAU Symposium, Vol. 98, Be Stars, ed. M. Jaschek & H. G. Groth, 261
Jaschek, M., Hubert-Delplace, A. M., Hubert, H., & Jaschek, C. 1980, A&AS, 42, 103
Jaschek, M., Jaschek, C., & Andrillat, Y. 1993, A&AS, 97, 781
Jaschek, M., Jaschek, C., & Malaroda, S. 1969, A&A, 3, 485
Johansson, S. 1977, MNRAS, 178, 17P
Johansson, S., & Jordan, C. 1984, MNRAS, 210, 239
Joly, M. 1987, A&A, 184, 33
Jones, C. E., Sigut, T. A. A., & Marlborough, J. M. 2004, MNRAS, 352, 841
Jones, C. E., Tycner, C., & Smith, A. D. 2011, AJ, 141, 150
Karpov, B. G. 1934, tese de doutoramento, UNIVERSIDADE DA CALIFÓRNIA, BERKELEY.
Kashyap Jagadeesh, M., Mathew, B., Paul, K. T., et al. 2023, Research in Astronomy and Astrophysics, 23, 035002
Kee, N. D., Owocki, S., & Sundqvist, J. O. 2016, MNRAS, 458, 2323
Keller, S. C. 2004, PASA, 21, 310
Kitchin, C. R., & Meadows, A. J. 1970, Ap&SS, 8, 463
Klement, R., Carciofi, A. C., Rivinius, T., et al. 2019, APJ, 885, 147
Klement, R., Baade, D., Rivinius, T., et al. 2022, ApJ, 940, 86
Kogure, T., & Hirata, R. 1982, Bulletin of the Astronomical Society of India, 10, 281
Kogure, T., Hirata, R., & Asada, Y. 1978, PASJ, 30, 385
Kogure, T., & Leung, K.-C. 2007, The Astrophysics of Emission-Line Stars, Vol.

Kohoutek, L., & Wehmeyer, R. 1997, Astronomische Abhandlungen der Hamburger Sternwarte, 11, 1
-. 1999, A&AS, 134, 255
Koubsky, P., Ak, H., Harmanec, P., Yang, S., & Bozic, H. 2004, em Astronomical Society of the Pacific Conference Series, Vol. 310, IAU Colloq. 193: Estrelas Variáveis no Grupo Local, ed. D. W. Kurtz & K. R. Pollard, 387
Koubsky, P., Harmanec, P., Horn, J., et al. 1994, em IAU Symposium, Vol. 162, Pulsation; Rotation; and Mass Loss in Early-Type Stars, ed. L. A. Balona, H. F. Henrichs, & J. M. Le Contel, 370, em IAU Symposium, Vol. L. A. Balona, H. F. Henrichs, & J. M. Le Contel, 370
Koubsky, P., Kotkova, L., & Votruba, V. 2011, em Journal of Physics Conference Series, Vol. 328, Journal of Physics Conference Series, 012026
Koubsky, P., Harmanec, P., Kubat, J., et al. 1997, A&A, 328, 551
Koubsky, P., Kotkova, L., Votruba, V., et al. 2012, arXiv e-prints, arXiv:1205.2259
Kounkel, M., Hartmann, L., Mateo, M., & Bailey, John I., I. 2017, APJ, 844, 138
Kraus, S., Monnier, J. D., Che, X., et al. 2012, ApJ, 744, 19
Krolik, J. H., & McKee, C. F. 1978, ApJS, 37, 459
Kurucz, R. L. 1993, em Astronomical Society of the Pacific Conference Series, Vol. 44, IAU Colloq. 138: Peculiar versus Normal Phenomena in A-type and Related Stars, ed. M. M. Dworetsky, F. Castelli, & R. L. Kurucz, R. L. 1993, em Astronomics Society Pacific Conference Series, Vol. 44, IAU Colloq. M. M. Dworetsky, F. Castelli, & R. Farag- giana, 87
Kwan, J., & Fischer, W. 2011, MNRAS, 411, 2383
Labadie-Bartz, J., Carciofi, A. C., Henrique de Amorim, T., et al. 2022, AJ, 163, 226
Labadie-Bartz, J., Pepper, J., McSwain, M. V., et al. 2017, AJ, 153, 252
Labadie-Bartz, J., Chojnowski, S. D., Whelan, D. G., et al. 2018, AJ, 155, 53
Langer, N., & Heger, A. 1998, em Astronomical Society of the Pacific Conference Series, Vol. 131, Properties of Hot Luminous Stars, ed. I. Howarth, 76
Leavitt, H. S., & Pickering, E. C. 1907, Harvard College Observatory Circular, 130, 1
Lee, U., Osaki, Y., & Saio, H. 1991, MNRAS, 250, 432
Lennon, D. J., & Dufton, P. L. 1989, A&A, 225, 439
Lesh, J. R., & Aizenman, M. L. 1973, A&A, 22, 229
Levenhagen, R. S., Diaz, M. P., Amores, E. B., & Leister, N. V. 2020, arXiv e-prints, arXiv:2009.06493
Levenhagen, R. S., & Leister, N. V. 2006, Catálogo de Dados Online VizieR, J/MNRAS/371/252
Lindegren, L., Lammers, U., Bastian, U., et al. 2016, A&A, 595, A4
Lindegren, L., Klioner, S. A., Hernandez, J., et al. 2021, A&A, 649, A2
Liu, Q. Z., van Paradijs, J., & van den Heuvel, E. P. J. 2000, A&AS, 147, 25

Maeder, A. 2009, Physics, Formation and Evolution of Rotating Stars (Física, Formação e Evolução de Estrelas Rotativas)
Maeder, A., Grebel, E. K., & Mermilliod, J.-C. 1999, A&A, 346, 459
Maeder, A., & Meynet, G. 2000, A&A, 361, 159
Maintz, M., Rivinius, T., Stahl, O., Stefl, S., & Appenzeller, I. 2005, Publications of the Astronomical Institute of the Czechoslovak Academy of Sciences, 93, 21
Marr, K. C., Jones, C. E., Carciofi, A. C., et al. 2021, APJ, 912, 76
Martayan, C., Baade, D., & Fabregat, J. 2010, A&A, 509, A11
Martayan, C., Baade, D., Hubert, A. M., et al. 2008, in 2007 ESO Instrument Calibration Workshop, ed. A. Kaufer & F. Kerber, 595
Martayan, C., Floquet, M., Hubert, A. M., et al. 2007a, A&A, 472, 577
Martayan, C., Fremat, Y., Hubert, A. M., et al. 2006, A&A, 452, 273
-. 2007b, A&A, 462, 683
Mason, B. D., Wycoff, G. L., Hartkopf, W. I., Douglass, G. G., & Worley, C. E. 2014, VizieR Online Data Catalog, B/wds
Mathew, B., Banerjee, D. P. K., Naik, S., & Ashok, N. M. 2012a, MNRAS, 423, 2486
-. 2013, AJ, 145, 158
Mathew, B., Banerjee, D. P. K., Subramaniam, A., & Ashok, N. M. 2012b, APJ, 753, 13
Mathew, B., & Subramaniam, A. 2011, Bulletin of the Astronomical Society of India, 39, 517
Mathew, B., Subramaniam, A., & Bhatt, B. C. r. 2008, MNRAS, 388, 1879
McGill, M. A., Sigut, T. A. A., & Jones, C. E. 2013, APJs, 204, 2
McLaughlin, D. B. 1962, AJ, 67, 581
-. 1966, ApJ, 143, 285
Meilland, A., Stee, P., Vannier, M., et al. 2007, A&A, 464, 59
Mennickent, R. E. 1991, A&AS, 88, 1
Mennickent, R. E., Otero, S., & Kolaczkowski, Z. 2016, MNRAS, 455, 1728
Mennickent, R. E., Pietrzynski, G., Gieren, W., & Szewczyk, O. 2002, A&A, 393, 887
Mennickent, R. E., Rivinius, T., Cidale, L., Soszynski, I., & Fernandez-Trincado, J. G. 2018, PASP, 130, 094204
Mennickent, R. E., Sabogal, B., Granada, A., & Cidale, L. 2009, PASP, 121, 125
Mennickent, R. E., Sterken, C., & Vogt, N. 1997, A&A, 326, 1167
-. 1998, A&A, 330, 631
Mennickent, R. E., & Vogt, N. 1988, A&AS, 74, 497
-. 1991a, A&A, 241, 159
-. 1991b, A&A, 241, 159
Mennickent, R. E., Vogt, N., & Sterken, C. 1994, A&AS, 108, 237
Mermilliod, J. C. 1982, A&A, 109, 48
Merrill, P. W., & Burwell, C. G. 1933, APJ, 78, 87

-. 1943, APJ, 98, 153
-. 1949, APJ, 110, 387
Merrill, P. W., Humason, M. L., & Burwell, C. G. 1925, APJ, 61, 389
Millan-Gabet, R., Monnier, J. D., Touhami, Y., et al. 2010, APJ, 723, 544
Milne, D. K., & Aller, L. H. 1980, AJ, 85, 17
Miroshnichenko, A. S., Bjorkman, K. S., & Krugov, V. D. 2002, PASP, 114, 1226
Miroshnichenko, A. S., Pasechnik, A. V., Manset, N., et al. 2013, ApJ, 766, 119
Mon, M., Suzuki, M., Moritani, Y., & Kogure, T. 2013, PASJ, 65, 77
Moore, C. E., & Merrill, P. W. 1968, Diagramas Grotrianos Parciais de Interesse Astrofísico
Morgan, W. W., Code, A. D., & Whitford, A. E. 1955, APJs, 2,41
Morris, S. L., & Ward, M. J. 1989, ApJ, 340, 713
Moto'oka, K., & Itoh, Y. 2013, Research in Astronomy and Astrophysics, 13, 1189
Moujtahid, A., Zorec, J., Hubert, A. M., Garcia, A., & Burki, G. 1998, A&AS, 129, 289
Negueruela, I. 1998, A&A, 338, 505
Neiner, C., de Batz, B., Cochard, F., et al. 2011, AJ, 142, 149
Norton, A. J., Coe, M. J., Estela, A., et al. 1991, MNRAS, 253, 579
Ochsenbein, F., Bauer, P., & Marcout, J. 2000, A&AS, 143, 23
Okazaki, A. T. 1986, em Stellar Activities and Observational Techniques, 41
Okazaki, A. T. 1991, PASJ, 43, 75
-. 1996, PASJ, 48, 305
Osterbrock, D. E., & Ferland, G. J. 2006, Astrofísica de nebulosas gasosas e núcleos galácticos activos
Oudmaijer, R. D., & Drew, J. E. 1997, A&A, 318, 198
Ozturk, O., Soydugan, E, & Cicek, C. 2014, New Astronomy, 30, 100
Panoglou, D., Faes, D. M., Carciofi, A. C., et al. 2018, MNRAS, 473, 3039
Paul, K. T., Shruthi, S. B., & Subramaniam, A. 2017, Journal of Astrophysics and Astronomy, 38, 6
Paul, K. T., Subramaniam, A., Mathew, B., Mennickent, R. E., & Sabogal, B. 2012, MNRAS, 421, 3622
Pavlovski, K., & Schneider, H. 1990, A&A, 228, 361
Pecaut, M. J., & Mamajek, E. E. 2013, APJs, 208, 9
Penrod, G. D. 1986, PASP, 98, 35
Penston, M. V. 1987, MNRAS, 229, 1P
Percy, J. R., Hosick, J., Kincaide, H., & Pang, C. 2002, PASP, 114, 551
Peters, G. J., Polidan, R. S., & Linnell, A. P. 1985, em Bulletin of the American Astronomical Society, Vol. 17, 584
Peton, A. 1972, A&A, 18, 106
Plaskett, J. S., Harper, W. E., Young, R. K., & Plaskett, H. H. 1922, em Publications of the American Astronomical Society, Vol. 4, Publications of the

American Astronomical Society, 277
Polidan, R. S., & Peters, G. J. 1976, em IAU Symposium, Vol. 70, Be and Shell Stars, ed. A. Slettebak, 59
Porter, J. M. 1996, MNRAS, 280, L31
Porter, J. M., & Rivinius, T. 2003, PASP, 115, 1153
Pottasch, S. R. 1961, Annales d'Astrophysique, 24, 159
Quirrenbach, A., Bjorkman, K. S., Bjorkman, J. E., et al. 1997, ApJ, 479, 477
Richardson, N. D., Thizy, O., Bjorkman, J. E., et al. 2021, MNRAS, 508, 2002
Ringuelet-Kaswalder, A. 1968, Boletin de la Asociacion Argentina de Astronomia La Plata Argentina, 12, 38
Rivinius, T., Baade, D., Stefl, S., et al. 1998, A&A, 333, 125
Rivinius, T., Carciofi, A. C., & Martayan, C. 2013, A&A Rv, 21, 69
Rivinius, T., Stefl, S., & Baade, D. 2006, A&A, 459, 137
Rojas, H., & Herman, R. 1958, 8eme Colloque Intern. d'Astrophys. a Liège, 20, 198
Saad, S. M., Kubat, J., Korcakova, D., et al. 2006, A&A, 450, 427
Sabogal, B. E., Mennickent, R. E., Pietrzynski, G., & Gieren, W. 2005, MNRAS, 361, 1055
Samus, N. N., Kazarovets, E. V., Durlevich, O. V., Kireeva, N. N., & Pastukhova, E. N. 2009, VizieR Online Data Catalog, B/gcvs
Schild, R. 1973, ApJ, 179, 221
Schootemeijer, A., Gotberg, Y., de Mink, S. E., Gies, D., & Zapartas, E. 2018, A&A, 615, A30
Secchi, A. 1867, Astronomical register, 5, 18
Shokry, A., Rivinius, T., Mehner, A., et al. 2018, A&A, 609, A108
Sigut, T. A. A., & Jones, C. E. 2007, APJ, 668, 481
Sigut, T. A. A., & Pradhan, A. K. 1998, ApJL, 499, L139
Silaj, J., Jones, C. E., Tycner, C., Sigut, T. A. A., & Smith, A. D. 2010, APJs, 187, 228
Siviero, A., & Munari, U. 2003, em Astronomical Society of the Pacific Conference Series, Vol. 303, Symbiotic Stars Probing Stellar Evolution, ed. R. L. M. Corradi, J. Mikolajewska, & T. J. Mahoney, 167, em Astronomical Society of the Pacific Conference Series, Vol. R. L. M. Corradi, J. Mikolajewska, & T. J. Mahoney, 167
Slettebak, A. 1966, APJ, 145, 121
-. 1968, ApJ, 154, 933
-. 1979, Space Sci. Rev., 23, 541
Slettebak, A. 1982, em IAU Symposium, Vol. 98, Be Stars, ed. M. Jaschek & H. G. Groth, 109, em inglês. M. Jaschek & H. G. Groth, 109
Slettebak, A., Collins, George W., I., & Truax, R. 1992, APJs, 81, 335
Slettebak, A., & Reynolds, R. C. 1978, APJs, 38, 205

Smith, M. A., & Balona, L. 2006, ApJ, 640, 491
Smith, M. A., Cohen, D. H., Hubeny, I., et al. 1997, APJ, 481, 467
Smith, M. A., Lopes de Oliveira, R., & Motch, C. 2017, MNRAS, 469, 1502
Stee, P. 2011, em Active OB Stars: Structure, Evolution, Mass Loss, and Critical Limits, ed. C. Neiner, G. Wade, G. Meynet, & G. Peters, Vol. C. Neiner, G. Wade, G. Meynet, & G. Peters, Vol. 272, 313
Steele, I. A., & Clark, J. S. 2001, A&A, 371, 643
Steele, I. A., Negueruela, I., & Clark, J. S. 1999, A&AS, 137, 147
Stephenson, C. B., & Sanduleak, N. 1971, Publications of the Warner & Observatório Swasey, 1, 1
Sterken, C., Vogt, N., & Mennickent, R. E. 1996, A&A, 311, 579
Stevens, D. J., Stassun, K. G., & Gaudi, B. S. 2017, AJ, 154, 259
Storey, P. J., & Hummer, D. G. 1995, VizieR Online Data Catalog, VI/64
Struve, O. 1931, APJ, 74, 225
Svolopoulos, S. N. 1976, Astronomische Nachrichten, 297, 87
Swihart, S. J., Garcia, E. V., Stassun, K. G., et al. 2017, AJ, 153, 16
Tarafdar, S. P., & Apparao, K. M. V. 1994, A&A, 290, 159
Telting, J. H. 2000, em Astronomical Society of the Pacific Conference Series, Vol. 214, IAU Colloq. 175: The Be Phenomenon in Early-Type Stars, ed. M. A. Smith, H. F. Henrichs, & J. H. H. H. H., & J. H. H., 2000 M. A. Smith, H. F. Henrichs, & J. Fabregat, 422
Tovmassian, H. M., Hovhanessian, R. K., Epremian, R. A., et al. 1990, Ap&SS, 174, 297
Townsend, R. H. D., Owocki, S. P., & Howarth, I. D. 2004, MNRAS, 350, 189
Tycner, C., Lester, J. B., Hajian, A. R., et al. 2005, ApJ, 624, 359
Varga, J., Abraham, P., Chen, L., et al. 2018, A&A, 617, A83
Vieira, S. L. A., Corradi, W. J. B., Alencar, S. H. P., et al. 2003, AJ, 126, 2971
Vioque, M., Oudmaijer, R., Baines, D., Mendigutfa, I., & Perez-Martrnez, R. 2018, Astronomy & Astrophysics, 620, A128
von Zeipel, H. 1924, MNRAS, 84, 684
Stefl, S., Okazaki, A. T., Rivinius, T., & Baade, D. 2007, em Astronomical Society of the Pacific Conference Series, Vol. 361, Active OB-Stars: Laboratories for Stellare and Circumstellar Physics, ed. A. T. Okazaki, S. P. Owocki, & S. Stefl, 274
Wackerling, L. R. 1970, MNRAS, 149, 405
Wang, S., Chen, X., de Grijs, R., & Deng, L. 2018, VizieR Online Data Catalog, J/ApJ/852/78
Waters, L. B. F. M. 1986, A&A, 162, 121
Waters, L. B. F. M., Cote, J., & Lamers, H. J. G. L. M. 1987, A&A, 185, 206
Waters, L. B. F. M., & Waelkens, C. 1998, ARA&A, 36, 233
Wenger, M., Ochsenbein, F., Egret, D., et al. 2000, A&AS, 143, 9
Wheelwright, H. E., Bjorkman, J. E., Oudmaijer, R. D., et al. 2012, MN- RAS, 423,

L11
Williams, G. A., & Shipman, H. L. 1988, ApJ, 326, 738
Wills, B. J., Netzer, H., & Wills, D. 1985, ApJ, 288, 94
Yudin, R. V. 2001, A&A, 368, 912
Zhang, P., Chen, P. S., & Yang, H. T. 2005, New Astronomy, 10, 325
Zorec, J., & Briot, D. 1997, A&A, 318, 443

APÊNDICES

PUBLICAÇÕES EM REVISTAS ESPECIALIZADAS RELACIONADAS COM ESTA TESE

1. **Gourav Banerjee** et al., Blesson Mathew, Suman Bhattacharyya, Ashish Devaraj, Sreeja S Kartha, Santosh Joshi; *Estudo do decréscimo de Balmer em estrelas Be clássicas galácticas utilizando o Telescópio Chandra dos Himalaias da Índia*; (aceite no **Boletim da Sociedade Real de Ciências de Liège**)
2. **Gourav Banerjee**, Blesson Mathew, Anjusha B, K. T. Paul, Anna- purni Subramaniam, Suman Bhattacharyya, R. Anusha, Deeja Moosa, C S Dheeraj, Aleeda Charly, Megha Raghu; *Estudo da natureza transitória de estrelas Be clássicas usando espetroscopia ótica multi-epoch*; **2022**; **JApA**; 43; 2; id. 109
3. **Gourav Banerjee**, Blesson Mathew, K. T. Paul, Annapurni Subra- maniam, Suman Bhattacharyya, R. Anusha; *Espectroscopia ótica de estrelas Be clássicas do campo galáctico*; **2021**; **MNRAS**; 500; 3; pp.39263943

ARTIGO EM PREPARAÇÃO RELACIONADO COM ESTA TESE

1. **Gourav Banerjee** et al., *Study of the extent of the Ha emission region for selected classical Be stars*; (em preparação)

PUBLICAÇÕES ADICIONAIS EM REVISTAS ESPECIALIZADAS

1. Madhu Kashyap Jagadeesh, Blesson Mathew, K. T. Paul, **Gourav Banerjee**, Annapurni Subramaniam, R. Arun; **Optical Spectroscopy of Classical Be stars in open clusters older than 100 Myr**; RAA; 23; 3; id. 035002
2. Suman Bhattacharyya, Blesson Mathew, Savithri H Ezhikode, S Muneer, Selvakumar G, Maheswer G, R. Arun, Hema Anilkumar, **Gourav Banerjee**, Pramod Kumar, Sreeja S Kartha, K. T Paul, C Velu; **Decodificando o clarão de raios-X do MAXI J0709-159 usando espetroscopia ótica e fotometria multiepoch**; 2022; ApJL; 933; 2; L34
3. Suman Bhattacharyya, Blesson Mathew, **Gourav Banerjee**, R. Anusha, K. T. Paul, Sreeja S Kartha; **Identificação de estrelas de linhas de emissão na fase de transição da sequência pré-mãe para a sequência principal**; 2021; MNRAS; 507; 3; pp.3660-3671
4. Madhu Kashyap Jagadeesh, Blesson Mathew, K. T. Paul, **Gourav Banerjee**, Annapurni Subramaniam, R. Arun; **Estudo de estrelas Be clássicas em aglomerados abertos com mais de 100 Myr**; 2021; JApA; 42; 2; id. 109
5. R. Anusha, Blesson Mathew, B. Shridharan, R. Arun, S. Nidhi, **Gourav Banerjee**, Sreeja S. Kartha, K. T. Paul, Suman Bhattacharyya; **Identificação de novas estrelas Ae clássicas na Galáxia usando LAMOST DR5**; 2021; MNRAS; 501; 4; pp.5927-5937

ARTIGOS DE INVESTIGAÇÃO ADICIONAIS

1. **Gourav Banerjee**; *Spectroscopy: the tool to study the stars*; Mapana Journal of Sciences (MJS); 20; 4; 09; DOI: https://doi.org/10.12723/mjs.59.2
2. Suman Bhattacharyya, Blesson Mathew, **Gourav Banerjee**, R. Anusha, K. T. Paul, Sreeja S. Kartha; *Identificação de uma classe rara de estrelas de linha de*

emissão em transição entre a fase de pré-sequência principal e a fase de sequência principal; MJS; 20; 4; 33; DOI: 10.12723/mjs.59.3

3. **Gourav Banerjee**, Blesson Mathew, K. T. Paul, Annapurni Subrama- niam; *Be stars: Mensageiros do disco estelar Física*; 2020; MJS; 19; 1; 15; DOI: 10.12723/mjs.52.2

ORIENTAÇÃO PARA ESTUDANTES DE MESTRADO

1. Aleeda Charley e Megha Raghu (Mestrado em Física); CHRIST (Deemed to be University); **dissertação de mestrado**: Estudo da variabilidade do perfil da linha *Ha* de estrelas Be clássicas galácticas (apresentada em 2021).
2. Ganesh Pawar (Mestrado em Física); Universidade de Mumbai; **dissertação de mestrado**: Estudos de variabilidade de estrelas Be clássicas de campo (apresentada em 2021).
3. Anjusha Balan, Deeja H. Moosa e C. S. Dheeraj (Mestrado em Física); CHRIST (Deemed to be University); **dissertação de mestrado**: Estudo espetroscópico de estrelas Be clássicas (apresentado em 2020).
4. Himal Upreti e Geo Sebastian (Mestrado em Física); CHRIST (Deemed to be University); **dissertação de mestrado**: Procura de Companheiras Quentes de estrelas Be (apresentada em 2020).

APRESENTAÇÕES EM CONFERÊNCIAS / REUNIÕES

1. 3º Workshop da Rede Belgo-Indiana de Astronomia e Astrofísica (BINA 2023), ARIES Nainital, 22 a 24 de março de 2023. Apresentou uma palestra intitulada "Spectroscopic studies of Galactic classical Be stars using Indian optical telescope facilities".
2. Encontro de Jovens Astrónomos (YAM 2022), ARIES Nainital, 09 a 13 de novembro de 2022. Apresentou a palestra contributiva intitulada "Compreender a evolução do disco de estrelas Be clássicas usando espetroscopia ótica multi-epoch".
3. 40.ª Reunião da Sociedade Astronómica da Índia (ASI-2021), IIT Roorkee e ARIES Nainital, 25 a 29 de março de 2022. Apresentou um poster intitulado "Be with VBO: Um programa de levantamento espetroscópico de estrelas Be clássicas transitórias com o Observatório Vainu Bappu".
4. Conferência em linha: 21.º Simpósio Nacional de Ciências Espaciais, IISER Kolkata, 31 de janeiro - 04 de fevereiro de 2022. Apresentou o poster Flash intitulado "Study of classical Be stars using optical spectroscopy".
5. Conferência em linha: XXXIXth Astronomical Society of India Meeting (ASI-2021), ICTS - TIFR Bengaluru, IISER Mohali, IIT Indore e IUCAA Pune, 18 a 23 de fevereiro de 2021. Apresentou um poster intitulado "Spectroscopic studies of Classical Be stars to understand their disc transient nature".
6. Conferência em linha: Encontro Regional de Astronomia - VI (RAM-2020), IUCAA, Pune, 09 - 10 de julho de 2020. Apresentou uma comunicação intitulada "Optical spectroscopy of Galactic field Classical Be stars".
7. Conferência eletrónica internacional sobre avanços recentes em física, P.G. College, Bajpur, Uttarakhand, 24 - 25 de junho de 2020. Apresentou uma

comunicação intitulada "Stellar spectroscopy: tool to study the stars" (Espectroscopia estelar: ferramenta para estudar as estrelas).

OUTRAS CONFERÊNCIAS/OFICINAS EM QUE PARTICIPOU

1. Simpósio *Gaia*: DR3 and Beyond, IIA Bnagalore, 11-15 de agosto de 2022.
2. Conferência em linha, Simpósio de *Gaia*: DR2 and Beyond, 02-06 de novembro de 2020.
3. XXXVIII Reunião da Sociedade Astronómica da Índia (ASI-2020), IISER Tirupati, 13-17 de fevereiro de 2020.

SEMINÁRIOS/WEBINARS SELECCIONADOS

1. Webinar sobre "Variabilidade em Discos Circumstelares e Formação de Estrelas" organizado pelo DAA-TIFR, Mumbai, em 29 de junho de 2021. Orador: Dr. Joel Green, cientista de instrumentos, Telescópio Espacial Hubble, Instituto de Ciência do Telescópio Espacial, EUA.
2. Webinar sobre "Magnetic B-type stars as magnetospheric exemplars" organizado pela University of Western Ontario, Canadá e pelo grupo de trabalho Active B star da IAU em 16 de junho de 2021. Orador: Matt Schultz, Universidade de Delaware, EUA.
3. Webinar sobre "Estudos de variabilidade de estrelas Be usando fotometria TESS" organizado pela Universidade de Western Ontario, Canadá e pelo grupo de trabalho de estrelas B activas da IAU em 26 de maio de 2021 Orador: Dr. Jonathan Labadie-Bartz, Universidade de São Paulo, Brasil.
4. Webinar sobre Pulsares, Magnetares e FRB organizado pelo Astro Club, Fergusson College, Pune, em 15 de setembro de 2020. Orador: Jocelyn B. Burnell, Universidade de Oxford e codescobridor do primeiro pulsar conhecido em 1967.
5. Webinar nacional sobre Astrofísica organizado pelo K E College, Man- nanam, Kerala, em 27 de julho de 2020. Orador: Dr. Blesson Mathew, Professor Assistente, Departamento de Física e Eletrónica, CHRIST (Deemed to be University).
6. Webinar sobre "Astronomia e Astrofísica" organizado pelo Mar Ivanios College, Trivandrum, Kerala, em 25 de julho de 2020. Orador: Dra. Anna- purni Subramanium, Directora, IIA, Bangalore.
7. Webinar sobre "Exoplanets: Earth Twins" organizado pela Universidade de Cambridge em 12 de junho de 2020. Orador: Dr. Didier Quiloz, Prémio Nobel da Física 2019.

Printed by Books on Demand GmbH, Norderstedt / Germany